● 新・電子システム工学 ●
TKR-12

VLSI設計工学
SoCにおける設計からハードウェアまで

藤田昌宏

数理工学社

編者のことば

　電子工学とはどのような領域であるかと言うと，やや定かではない．かつては電気のエネルギー応用分野である強電に対し，弱電という電気の情報への応用分野を指していたようにも思われる．この意味で，電気を信号の伝達に実用化したのは19世紀初頭であり，実用的な電信は1830年ごろに技術が確立した．また，電話は1876年，ベルがエジソンと競って発明したのは有名である．一方，電気のエネルギー応用は，およそ明治の始めの発電機の発明に始まり，さらに，エジソンが発電所を作ったのが1882年である．つまり，弱電と呼ばれた電気の情報への利用は，強電よりやや早かったと言えよう．また，明治初頭に，日本に最初に導入された電気技術は電信であった．

　もう少し狭い意味でのエレクトロニクスとも呼ばれる電子工学というと，電子を制御して利用する電子デバイスからかも知れない．これは，白熱電球の発明者エジソンが，1883年エジソン効果と呼ばれる発熱体からの電子放射を発見したのが最初であろう．直ちに，二極管，三極管が発明された．また，ヘルツの1888年の電磁波の発見に引き続き，マルコーニが1899年にドーバー海峡をはさむ無線通信に成功している．その後，第二次世界大戦直後の1947年のトランジスタの発明より電子デバイスの固体化が始まり，1960年のレーザ光発振成功より，光エレクトロニクスが始まっている．

　しかし，いずれにせよ，人類の知を扱ったり伝達したりするという場では，電子工学の独壇場である．それは電子工学の応用分野を見てみるとわかるであろう．電子管にしても，トランジスタにしても，まずはラジオ・テレビに代表される無線機器，音響機器の応用から始まった．これらは，集積回路の発明により，さらに加速され，情報を処理する機器，つまりコンピュータに発展した．現在の主力製品はむしろコンピュータである．パソコン・スパコンといった純粋なコンピュータ以外に，自動車，家電製品の至るところに配置されている制御用コンピュータやマイコンは，今やこれなしには，人類の生活は存在できない程

に行き渡っている．また，電信から始まり，電話，光ネットワーク，携帯電話などの情報伝達機器も電子工学なしには語れない．

　このように，現在の知を支える技術としての電子工学を，基礎から応用にいたるまで，まとめてみたのが，本ライブラリである．簡単には実体が見えない学問であるが，人類に対する貢献も大きい．ぜひその仕組みを理解すると共に，将来，この分野に貢献できるよう，勉学に励んでいただきたい．

　2009 年 7 月

編者　岡部洋一
　　　廣瀬　明

「新・電子システム工学」書目一覧			
1	電子工学通論	8	電磁波工学
2	電子基礎物理	9	VLSI 工学基礎
3	電子デバイス基礎	10	電子物性
4	電子回路基礎	11	光電子デバイス
5	電子物性基礎	12	VLSI 設計工学
6	半導体デバイス工学	13	光情報工学
7	光波電子工学	14	電子材料プロセス

まえがき

　本書は，VLSI設計技術全般をまとめた教科書であり，VLSI設計ツールを使いこなせる知識が身につくように考慮されている．個々のツールの解説書では得られない，VLSI設計の全工程を流れとして理解できるようになっている．

　従来から，個々の設計ツールのための解説書は多数存在するが，使い方を中心にまとめられているため，何故そのように使うのがよいのか，逆に何故そうしてはいけないのかを理解することは難しい．そのような理解には，ツールの中で何が行われているのかの理解が必須である．

　近年，半導体の微細化が進み，1つのVLSIチップで設計対象のシステム全体を実現できるようになってきており，System on a Chip（SoC）と呼ばれている．SoCの中には，ほとんどの場合マイクロプロセッサもチップを構成する部品として使われており，そのマイクロプロセッサでは各種ソフトウェアが実行される．したがって，SoCの設計では，VLSIというハードウェアだけでなく，その上で動作するソフトウェアも同時に考慮した設計開発が必須となる．本書では，このSoC全体の設計開発を念頭に置きながら，VLSIの設計手法について解説していく．

　VLSI設計は，ハードウェアとソフトウェアを両方考慮して設計するシステムレベル，ハードウェア部分の論理を決める論理設計レベル，そして配置・配線を行うレイアウトレベルから構成されている．本書はこれらすべてについて，設計作業の要点とそれを支援するツールの内部動作について解説している．特に，システムレベルについては，従来のこの種の教科書ではほとんど触れられていないため，丁寧な解説を行うとともに，一部ソフトウェア開発についても触れている．

　近年，VLSIは非常に大規模化しており，その設計に必要な工数はますます増大している．一般にVLSI設計は設計記述言語によって表現されるが，1人の人

まえがき

間が同時に考慮できる項目数には限界があるため，1人の設計者が誤りなく扱えるVLSI設計記述量（行数）は一定である．したがって，大規模設計を誤りなく取り扱うには，より多くの工数が必要になってしまう．この設計に必要な工数を減らすには，何らかの方法で設計記述量を削減しなければならない．システムレベル設計では，C言語ベースの設計記述言語が利用されており，VLSI設計記述量を大幅に減少させることができ，結果として，大規模設計を相対的に短期間で誤りなく設計することが可能になる．

VLSI設計支援技術は，レイアウト処理の自動化，論理設計の自動化と進み，現在，システムレベル設計を支援するツールが導入されつつある．本書は，これらすべての工程を一連の流れとして，内部での処理内容も含めて解説しており，本書を学ぶことで，今後のVLSI設計技術の基盤を自分のものにできると考えている．

本書は，16章構成となっているが，必要に応じて内容を選択することにより，学部でも大学院でも利用可能な教科書となっている．一方，本書の全内容を理解することにより，VLSI設計技術の先端研究を行うための準備も整う．本書の後，各内容に絞ったさらに先端的な教科書を学ばれ，VLSI設計技術という研究分野が発展することを期待したい．

本書の執筆に当たっては，数理工学社の田島伸彦氏，足立豊氏に大変お世話になった．心から謝意を表したい．

2009年7月

藤田　昌宏

本書で使用している会社名，製品名は各社の登録商標または商標です．
本書では，®とTMは明記しておりません．

本書の章末問題の解答などはサイエンス社・数理工学社のサポートページに掲載する予定です．

目　　次

第 1 章　VLSI と設計の流れ　　1

1.1　VLSI ……………………………………………… 2
1.2　ディジタル回路とアナログ回路 ………………… 4
1.3　設計生産性 ………………………………………… 5
1.4　論 理 回 路 ………………………………………… 10
1.5　フルカスタム設計とセミカスタム設計 ………… 12
1.6　フィールドプログラマブル素子 ………………… 13
1 章の問題 ……………………………………………… 14

第 2 章　システムレベル設計　　15

2.1　システムレベル …………………………………… 16
2.2　システムレベル設計の流れ ……………………… 20
2.3　機能仕様設計 ……………………………………… 22
2.4　アーキテクチャ設計 ……………………………… 24
2.5　通 信 設 計 ………………………………………… 27
2 章の問題 ……………………………………………… 30

第 3 章　C 言語ベース設計　　31

3.1　C ベース設計記述言語の考え方 ………………… 32
3.2　SpecC 言語 ………………………………………… 34
3.3　SystemC 言語 ……………………………………… 38
3.4　C 言語ベース設計の流れ ………………………… 39
3.5　C 言語記述における最適化 ……………………… 41
3 章の問題 ……………………………………………… 44

第 4 章　組込みプロセッサ用コンパイラ技術　　45

- 4.1　組込みプロセッサとは？ ･･････････････････････ 46
- 4.2　組込みシステムの設計の流れ ･･････････････････ 47
- 4.3　組込みプロセッサのアーキテクチャ例 ･･････････ 49
- 4.4　組込みプロセッサ向けコード最適化技術 ･･･････ 52
- 4 章の問題 ････････････････････････････････････ 56

第 5 章　論理関数処理技術　　57

- 5.1　2 分決定グラフ ･･････････････････････････････ 58
- 5.2　SAT 技術 ･･･････････････････････････････････ 63
- 5.3　SAT 問題 ･･･････････････････････････････････ 64
- 5 章の問題 ････････････････････････････････････ 70

第 6 章　レジスタ転送レベル設計　　71

- 6.1　有限状態機械 ････････････････････････････････ 72
- 6.2　制御部とデータパス ･･････････････････････････ 77
- 6.3　データパスを構成する基本素子 ････････････････ 79
- 6.4　レジスタ転送レベル ･･････････････････････････ 80
- 6 章の問題 ････････････････････････････････････ 83

第 7 章　高位合成　　85

- 7.1　高位合成処理の流れ ･･････････････････････････ 86
- 7.2　データフローグラフレベルの最適化 ････････････ 89
- 7.3　スケジューリング処理 ････････････････････････ 90
- 7.4　演算器・レジスタなどの割当て ････････････････ 93
- 7 章の問題 ････････････････････････････････････ 96

第 8 章　論理合成　　97

- 8.1　論理合成の流れ ･･････････････････････････････ 98
- 8.2　ルールベースの論理最適化 ････････････････････ 99
- 8.3　積和形論理式最適化 ･･････････････････････････ 101
- 8.4　多段論理式最適化 ････････････････････････････ 103

8.5	テクノロジマッピング	111
	8 章の問題	116

第 9 章　レイアウト処理　　117

9.1	レイアウト処理の自動化とセミカスタム設計	118
9.2	フロアプラン処理	120
9.3	配置処理	122
9.4	配線処理	124
	9 章の問題	127

第 10 章　タイミング解析と最適化　　129

10.1	回路の遅延	130
10.2	最大／最小遅延の計算	132
10.3	フォールスパス問題	133
10.4	同期式順序回路とクロック	135
10.5	タイミング解析	136
10.6	タイミング最適化	139
	10 章の問題	142

第 11 章　シミュレーション　　143

11.1	設計の動作確認とシミュレーション	144
11.2	イベントドリブン方式シミュレーション	145
11.3	コンパイル方式シミュレーション	147
11.4	シミュレーションカバレッジ	149
	11 章の問題	150

第 12 章　アサーションベース検証　　151

12.1	テストベンチ	152
12.2	アサーションベース検証の例	153
12.3	アサーション記述言語	154
12.4	アサーションの再利用	156
	12 章の問題	156

第 13 章　形式的論理設計検証　　　　　　　　　　　　157

13.1　コーナーケース問題　　　　　　　　　　　　　　158
13.2　形式的検証の流れ　　　　　　　　　　　　　　　159
13.3　等価性検証　　　　　　　　　　　　　　　　　　160
13.4　モデルチェッキング　　　　　　　　　　　　　　163
13 章の問題　　　　　　　　　　　　　　　　　　　　　167

第 14 章　VLSI のテスト技術　　　　　　　　　　　　169

14.1　故障と歩留り　　　　　　　　　　　　　　　　　170
14.2　VLSI の故障　　　　　　　　　　　　　　　　　171
14.3　等 価 故 障　　　　　　　　　　　　　　　　　　173
14.4　テストパターン生成　　　　　　　　　　　　　　174
14.5　故障シミュレーション　　　　　　　　　　　　　175
14.6　自動テストパターン生成　　　　　　　　　　　　177
14.7　順序回路の扱い　　　　　　　　　　　　　　　　179
14 章の問題　　　　　　　　　　　　　　　　　　　　　181

第 15 章　低消費電力設計　　　　　　　　　　　　　　183

15.1　低消費電力の必要性　　　　　　　　　　　　　　184
15.2　CMOS 回路の消費電力　　　　　　　　　　　　185
15.3　上位設計における低消費電力技術　　　　　　　　187
15.4　低消費電力設計技術の例　　　　　　　　　　　　190
15 章の問題　　　　　　　　　　　　　　　　　　　　　194

第 16 章　VLSI 設計の将来　　　　　　　　　　　　　195

16.1　設計再利用技術　　　　　　　　　　　　　　　　196
16.2　設計検証技術　　　　　　　　　　　　　　　　　203
16.3　特定用途向け高性能計算システム設計への応用　　205

参 考 文 献　　　　　　　　　　　　　　　　　　　　　207

索　　　引　　　　　　　　　　　　　　　　　　　　　208

1 VLSIと設計の流れ

　本章では，VLSIの設計の流れの概略について解説する．個々の詳細については，次章以下で順次説明する．近年の半導体技術の急速な進歩により，大規模設計を短期間で行わなければならず，効率的な設計手法が研究開発されている．

> **1章で学ぶ概念・キーワード**
> - ディジタル回路
> - 設計生産性
> - SoC（System on a Chip）

1.1 VLSI

VLSI（Very Large Scale Integration） と呼ばれる，集積度の極めて高い半導体は，現代社会において，欠くことのできないものになっており，日常生活のありとあらゆるところで利用されている．携帯電話や音楽・ビデオプレーヤなどという直接的な応用だけでなく，冷蔵庫，洗濯機，エアコンなどの制御にもVLSIは多数使われている．日常使うものの中で，VLSIが多数使われている典型例は，自動車であると言える．図1.1に示すように，自動車の制御は，多数のVLSIが行っており，高級車になると利用されるVLSIは100個以上になっている．もはや自動車は機械というよりも，電子機器と呼ぶ方がふさわしい．

この身近で多数使われているVLSIを支えているのは，その製造技術と設計技術である．VLSIに代表される半導体製造技術は，ここ2, 30年急速に進歩しており，そして，現在もまた将来に渡っても同様な進歩が期待されている．半導体を多数，1チップに集積するIC（Integrated Circuit）という考え方は1970年代からあるが，当時はごく少数のものが1つのチップとして製造できただけだった．現在は，1チップ上に1億個以上のトランジスタを集積できるようになっている．このような大規模に集積された半導体チップはVLSIチップ（VLSI chip）と呼ばれる．この半導体製造技術は，図1.2に示すように，一定期間にその集積度が倍になる指数的な高集積化が実現されている．平均すると，年率60%弱程度で高集積化が進んでいることになる．これは，ムーアが発見した規則であり，現在でも成り立っている．高集積化には限界があると言われて

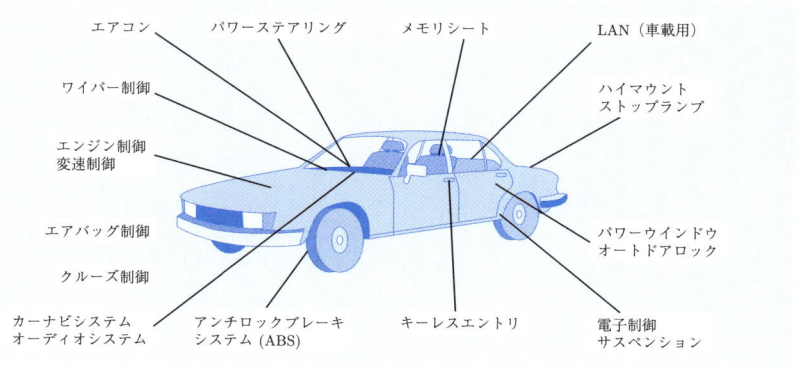

図 1.1　自動車は VLSI を中心とした電子機器

きているが，その度に新しい製造技術が開発され，高集積化は途切れることなく進められ，今後もしばらくはそれが続くと考えられる．

　このように半導体製造技術は休みなく進歩している．それを実現したチップとして，メモリチップがある．メモリチップは，個々のメモリセルを多数集積して実現しているので，基本的に個々のメモリセルが設計・製造できれば，あとは，それを並べていくだけで大規模化・高集積化が可能となる．このため，メモリチップ，特にDRAMと呼ばれるものは，ほぼ半導体整合技術の進歩に合わせて，高集積化が進んできた．これに対し，マイクロプロセッサに代表される，論理系VLSIと呼ばれるような，各種算術演算や論理演算を行うようなVLSIチップの高集積化はDRAMのようには，伸びていない．製造上許される搭載可能なトランジスタ数の半分も実装していないVSLIも多数ある．これは，元々そのような多数のトランジスタが不要であるためである場合もあるが，利用したくても設計しきれないため，搭載できないという場合も多数ある．では，「この設計しきれない」ということはどういうことだろうか？　実は高集積化されたVLSIチップを利用するには，半導体製造技術だけでなく，VLSIの設計技術も同様に重要となっている．

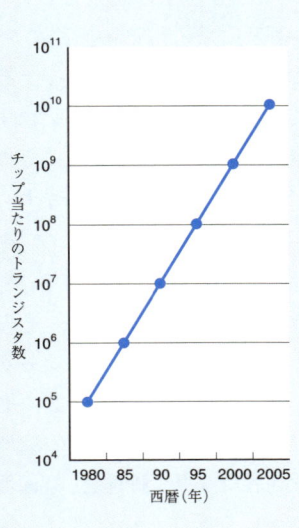

図 1.2　ムーアの法則

1.2 ディジタル回路とアナログ回路

現在一般に利用されているVLSIのほとんどは，**ディジタル回路**から構成されている．これに対し，**アナログ回路**は，ディスプレイやキーボードの制御など，VLSIと連動して動作する各種機器とのインタフェースの制御などには必須の回路である．VLSI全体から見ると，回路規模は相対的に非常に小さくなっている．また，これらのインタフェースはVLSIが変わってもほぼ同じような回路を利用することも多く，極めて重要な回路であるが，設計に要する工数（作業量）という面では大きくない．このため，VLSIの設計のほとんどは，ディジタル回路を設計していることになる．

アナログ回路では，信号値は取り得る電圧値にしたがって，任意の連続した値を取ることができるが，ディジタル回路では，基本的に0か1の2値のどちらかしか取れない．信号線の電圧値がある値以下なら0とし，ある値以上なら1としている．このようにすると，0か1という2値のどちらかかを判定するという観点からは，少々電圧値が不安定でも問題なく動作する回路を作ることができる．結果として，設計上は0か1の2値のみが存在するとして設計すればよく，また，製造の観点からは，0か1の判定にさえ影響を与えなければ，かなり自由に行うことができることになる．この回路のディジタル化により，VLSIは極めて高集積化を行うことができるようになったと言える．

ディジタル回路設計では，0, 1の2値のみを気にすればよいので，設計もアナログ回路に比較して，相対的に複雑ではないように感じるかもしれない．しかし，2000年代になってくると，設計規模があまりに膨大になり，ディジタル回路をうまく取り扱えなくなってきている．ディジタル回路は，任意の論理関数をVLSI上に実現させる技術である．VLSIの高集積化が進んだため，VLSIで実現できる論理関数があまりに複雑になって，そのままでは，設計者が効率よく取り扱うことが難しくなっているのが現状であると言える．例えば，現在のVLSIでは，1億トランジスタを1つのチップに集積することができる．これは，論理関数で言うと，数百万から1千万個の論理演算を実現できることに相当する．したがって，設計者は1千万個程度の論理演算が含まれている論理関数を正しく定義し，また正しく操作しなければ，現在のVLSIを正しく設計できないことになる．

1.3 設計生産性

大規模な論理関数の変換や操作を人手で行うことは，明らかに不可能である．人間が自分で操作できる論理関数は，せいぜい，数十個の論理演算程度が限界であると考えられる．この数十個の演算を含む論理式というのは，1970年代のVLSIの規模に相当する．このため，VLSI設計は，常に計算機を利用して行われてきている．計算機上に，VLSI設計を支援するための各種プログラムが用意されており，それらを使って，設計者はVLSIの設計を進めていく．この各種設計支援プログラムは，それらを使ってVLSIを設計するため，設計ツールとも呼ばれている．したがってVLSI設計の歴史は，VLSI設計ツールの歴史であるとも言える．設計ツールが改良され，より効率があがり，またより大きく複雑な論理関数を操作できるようになると，結果として，より大規模なVLSIが設計できるようになる．本書では，この設計ツールとそれを効率よく利用する設計手法を説明していく．

上で少し触れたように製造上搭載可能なトランジスタ数を設計上の問題から利用できないという状況は，**VLSIの設計生産性危機**と呼ばれている．実存するマイクロプロセッサに代表される論理VLSIの回路規模と同時期にメモリチップに搭載されている回路規模をグラフにしたものが図1.3である．メモリチップの規模は年率58%で増大しているが，実際に設計されたマイクロプロセッサの規模は年率21%でしか伸びていない．この差の部分は，「製造可能ではあるが，設計が追いつかなくて利用されていない回路規模」に相当する．これが，VLSIの設計生産性危機である．VLSIを社会の様々なところで利用する際，VLSIの持つ能力を最大限に発揮できていないという意味で，大きな問題であると言え

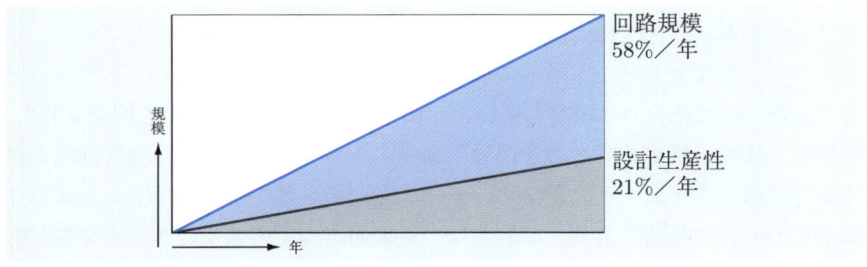

図1.3　VLSIにおける設計生産性危機

る．残念ながら，設計ツールとその効率的な利用法としての設計手法の改良速度が，半導体製造技術の改良速度に追いついてきていないことに原因がある．その意味で本書で述べる VLSI の設計手法や設計ツールの技術は，とどまるところなく，改良が加えられ進歩しており，また進歩しなければ製造技術の進歩を有効利用できない．本書では，現時点での技術を解説し，また将来の方向性を説明していきたい．

設計生産性を向上させる方策の中心は，設計をより抽象的に表現し，設計者が取り扱わなければならないものの数を減少させることである．半導体は，一般にそのマスクパターンを決定できれば，製造することができる．各マスクにより，VLSI 上のどの位置にトランジスタを置き，また，それらをどのように接続するかが決定される．したがって，VLSI 設計とは，マスクパターンを作成するところまでであると言える．では，VLSI 設計がどこから始めるのだろうか？実はこの VLSI 設計を始める点が設計ツールや設計手法の進歩とともに，より抽象的なものになってきている．半導体の製造が始まったばかりの 1970 年代には，まさしくマスクパターンを人手で直接描いていた．設計ツールとしては，マスクパターンを効率よく設計者が描ける様にグラフィックエディタのようなものが利用されていた．また，設計者が描いたマスクパターンが製造上問題がないかを調べる検証を行うツールも重要であった．基本的にマスクパターン上の個々の要素を設計者が取り扱わなければならない時代であった．

これに対し，1980 年代になると，集積化が進み，個々のトランジスタを使った回路で設計することは不可能になり，論理回路を設計者が記述し，それを自動的に VLSI 上に配置（placement）・配線（routing）し，また，トランジスタレベルの回路に変換することで，マスクパターンを自動的に生成するツールが開発された．VLSI 設計で利用できる論理ゲートを予めトランジスタ回路として設計しておき，VLSI 設計者はそれらを組み合わせて VLSI を設計していく．このような予め設計されたゲートの種類は数十種類くらい用意されており，設計者が論理回路図を入力し編集し易いようなグラフィックエディタも開発された．同時に，論理回路が設計者の意図通り動作するかを調べるため，論理回路の動作を計算機上で模倣する論理シミュレータが開発され，広く利用されるようになったのもこの時期である．設計者は，論理回路図上の個々のゲートを取り扱うことになり，論理ゲートの数は，マスクパターン上の要素の数に比べると数

1.3 設計生産性

分の1から十数分の1なため，その分だけ，設計生産性が向上されたと言える．

1990年代になると，論理回路を設計者が直接操作するのも難しくなってくる．そこで，任意の論理式から，最適な論理回路を自動的に生成する論理合成と呼ばれるツールが開発され，徐々に導入されるようになった．設計者が論理回路図を直接入力する際には，予め登録された論理ゲートしか使えないため，論理関数の最適化（簡単化）を人手で行う必要がある．論理合成ツールの導入により，任意の論理式から論理関数の最適化処理を経て，自動的に最適な論理回路を生成できるようになった．VLSIは時々刻々処理を進めているが，その個々の時刻での処理を任意の論理式で表現すればVLSIが自動的に設計できるようになった．このVLSIの動作を個々の時刻ごとに任意の論理式で表現する設計記述は，**レジスタ転送レベル（Register Transfer Level, RTL）**記述と呼ばれる．レジスタという以前の値を記憶していく素子の間でどのような値の変換と転送が行われるかを表現しているため，こう呼ばれる．RTL記述を行うことで，論理回路図の時と比べ，さらに数分の1から十数分の1に設計記述量を減少させることができ，結果として設計生産性が向上している．なお，RTL記述では，論理式だけでなく，算術式も記述できるようになっている．例えば，加算や乗算といった算術演算を式の形で表現できるようになっているため，このような算術演算が多いVLSIを設計する場合には，論理回路と比較し，より少量の記述で設計を表現できることになる．記述された算術演算は，設計ツールにより，内部で自動的に論理式に変換されている．

2000年代になると更なる設計生産性の向上が，集積度の向上に追いつくという意味で，必須となってきた．RTLよりも，より抽象的な設計記述の表現法が必要になっている．RTLまでは，基本的に論理式で設計を表現している．より抽象度を上げるため，0,1のみを扱う論理変数だけでなく，整数値一般（あるいは一定の範囲の値）を表現する変数の導入が考えられる．これは一般にワード変数と呼ばれている．例えば，32ビットの値を持つワード変数は，32個の論理変数の集まりと考えられ，それだけ設計記述量を削減することができる．このようなワード変数が導入されるとそれらの間の算術演算を定義して利用することが一般的になる．その際，以前のように各算術演算子を論理式に展開してから論理合成するのではなく，それら算術演算子に相当する回路を予め設計しライブラリに格納しておいて，ワード変数に対する算術演算子が現れるとそれ

をライブラリ内の対応する演算を行う回路で置き換えることで VLSI のための論理回路を自動生成する手法も使われるようになった．これは，一般に高位合成と呼ばれている．論理合成より上位の設計記述から合成しているということで，この名前がついている．したがって，現在広く使われている VLSI の設計手法は図 1.4 のようになっている．まず，与えられた VLSI の仕様記述から高位合成と論理合成処理を行って論理回路を生成する．次にその論理回路中の各ゲートの配置とそれらの配線を VLSI 上にコンパクトになるように行う．その結果は，マスクパターンになっている．以上は，実は VLSI 内のハードウェア部分の設計の流れになっている．

しかし，さらに VLSI が高集積・大規模化して，電子機器のハードウェア部分だけでなく，ソフトウェア部分もすべて 1 チップの VLSI の中に入るようになってくると，VLSI 設計はハードウェア設計だけでなく，ソフトウェア設計も同時に行う必要が生じている．そこで，ソフトウェア開発でよく利用されている C 言語（あるいは C++言語）を用いて VLSI 全体の設計 (ハードウェアだけでなくソフトウェアも含めて）を行う C 言語ベース設計と呼ばれる設計手法の導入が進んでいる．本書でもこの C 言語ベース設計に重点を置いて説明していく．大規模な VLSI で，電子機器のハードウェアだけでなく，ソフトウェアも含めて 1 チップ化してものは一般に，**SoC（System on a Chip）**あるいは，システム LSI と呼ばれる．SoC は電子機器 1 台を 1 チップで実現可能なため，現代は SoC の時代とも呼ばれている（もちろん，比較的小規模な VLSI

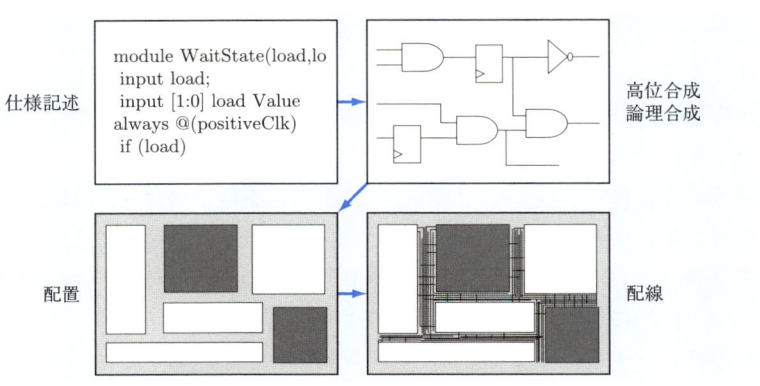

図 1.4　現在の VLSI ハードウェア部分の設計の流れ

1.3 設計生産性

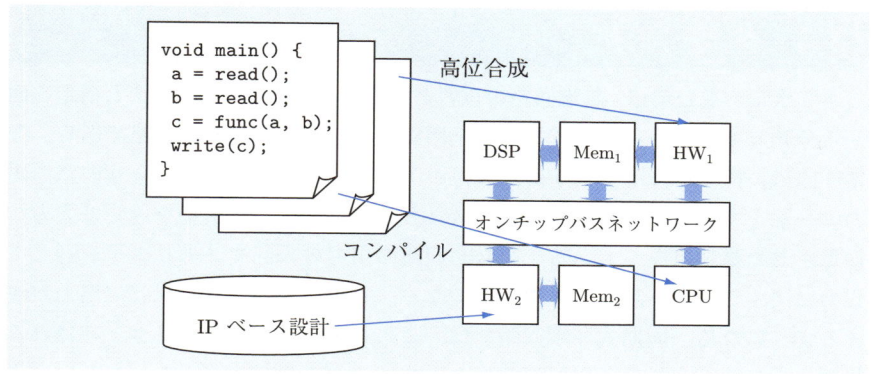

図 1.5 SoC 設計

を設計する要求も多数ある）．C 言語ベース設計の様子を図 1.5 に示す．図の左上にあるように，設計記述を C 言語で行う．これはつまり，設計は C 言語の関数の集まりで表現されるということである．関数全体はいくつかのグループに分けられ，各グループごとにハードウェアで実現するのか，ソフトウェアで実現するのかを設計者が判断する．ソフトウェアで実現されると決まったものは，CPU（Central Processing Unit）や DSP（Digital Signal Processor）というプロセッサ上で実行されることになる．つまり，設計している VLSI 内にそのようなプロセッサを作ることになる．一般にプロセッサは新規設計するよりも，既設計されたものを流用することが多いのでその設計自体は行う必要がない場合がほとんどであると言える．ハードウェアで実現すると決まったものは，図 1.4 にしたがって，設計していく．ただし，新規設計しなくても，設計ライブラリにすでに既設計が存在する場合には，それをそのまま流用する．これは IP ベース設計と呼ばれている．**IP（Intellectual Property）** とは，VLSI 設計の場合，既設計を指し，再利用可能な形でライブラリに登録されている．このように，C 言語ベース設計では，C 言語記述から出発して，ハードウェアとソフトウェアの分割を行いながら，また必要に応じて既設計を利用しながら設計を進めていく設計手法である．

1.4 論理回路

　さて次章へ進む前に，論理回路の復習と，現在の VLSI の設計手法と構造の面から分類しておこう．本書で扱う論理回路はすべて**同期式順序回路**である．順序回路は，図 1.6 に示すように，入力が決まると出力が決まる組合せ回路の出力の一部をフリップフロップやレジスタと呼ばれるメモリ素子を通して入力へ帰還させた構造になっている．組合せ回路の出力の一部をメモリ素子を通して入力に戻すことで，現在の入力だけでなく，過去の入力にも依存して出力が決まるようになる．同期式順序回路では，このメモリ素子がクロックと呼ばれる外部から与えられる，一定間隔で 0 と 1 を繰り返す信号の立上り（あるいは立下り）のタイミングで入力の値を取り込み，それを出力の値として次の立上り（あるいは立下り）まで保持するという動作を行う．結果として，同期式順序回路内のメモリ素子の値はクロックが来る間隔で次々に値が更新されていくことになる．実際の設計では，このようなクロックを利用しない非同期式順序回路が一部利用されているが，通常の VLSI 設計を実際行う場合には，外部との通信などを除いて，ほぼすべて同期式順序回路が使われている．

　メモリ素子としては，エッジトリガフリップフロップと呼ばれるものがよく利用される．その動作の例を図 1.7 に示す．ここでは立上りで動作するエッジトリガフリップフロップが使われいる．クロックが 0 から 1 に立ち上がった時点の入力の値が，内部遅延時間後，出力の値となるように動作する．ただし，フリップフロップが正しく値を取り込むためには，クロックが立ち上がる時刻よりも setup 時間だけ前から，hold 時間だけ後まで入力は一定の値でなければならない．そうでないとフリップフロップの動作は保障されず，取り込む入力値も予測不能になってしまう．論理回路を設計する際には，回路の遅延時間を調整する際，この setup と hold 時間を考慮してやる必要がある．

　実際の大規模 VLSI は，図 1.8 に示すように，回路内がいくつかのブロック分けられており，各ブロックごとにクロック信号が供給されるようになっており，VLSI チップの外部から供給されるクロック信号がブロックに到達するまでの配線長が大きくことなることがある．配線長が長くなれば，それを通して送られる信号の遅延時間も増大するので，それらの遅延も考慮して，先ほどの setup, hold 時間を考慮する必要があり，かなり複雑な解析が必要になる．

1.4 論 理 回 路　　　11

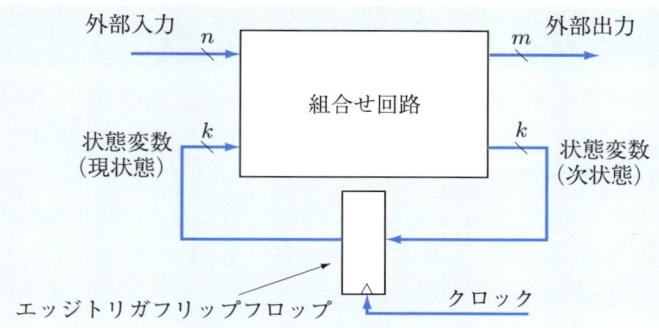

図 1.6　同期式順序回路

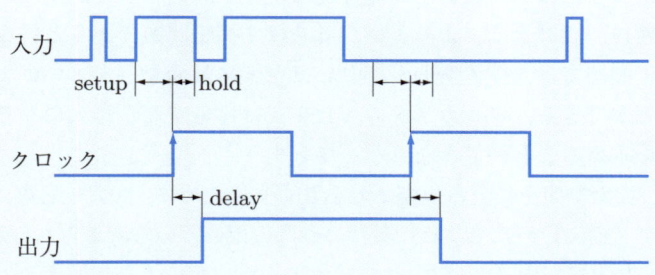

図 1.7　エッジトリガフリップフロップ

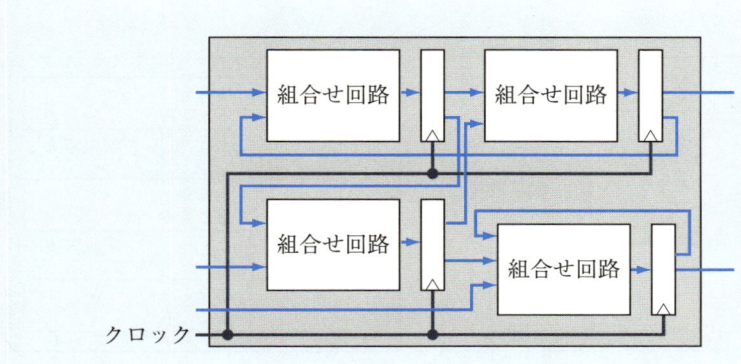

図 1.8　VLSI 内の回路構成

1.5 フルカスタム設計とセミカスタム設計

次に，VLSI の設計手法と構造から VLSI を分類し，本書で扱う VLSI 設計を明確にしておこう．まず，VLSI 内の自由な位置にゲート（つまりトランジスタ）を配置し，また配線も自由に行ってよいのが，図 1.9 に示す，**フルカスタム VLSI** と呼ばれるものである．フルカスタム VLSI では，設計者の意思で配置や配線を自由に決められる．これは，設計の自由度という点ではよいことで，最も高性能な VLSI を設計できる可能性があるという点ではよいが，一方，設計ツールで設計過程を支援するという観点からは，非常に難しい設計手法となる．設計支援プログラムを利用して設計を自動化するという観点からは，実は設計の自由度が少ないほど，楽にかつ高性能な支援プログラムを開発できるようになる．一般に，設計とは，よりよい設計を探す探索問題であると言うことができる．探索問題では，探索空間が小さいほど楽に最適な（あるいはよい）解を求めることができる．フルカスタム VLSI では探索空間が膨大になり，自動的によい解を求めることができなくなってしまう．

そこで，探索空間を扱える規模まで小さくするために，配置・配線に条件をつけた設計が一般に行われている．条件のつけ方はいろいろ考えられるが，**セミカスタム VLSI** と呼ばれる，図 1.10 に示すような，ゲートを配置するための領域と配線するための領域を明確に分離する構造を持つものが広く利用されている．このようにすると，自動的に配置や配線処理を計算機で行うことが可能となる．

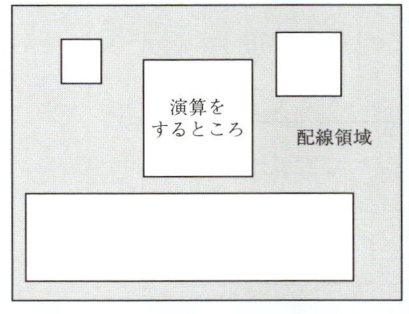 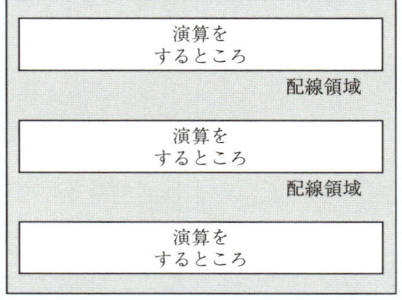

図 1.9　フルカスタム VLSI　　　　図 1.10　セミカスタム VLSI

1.6 フィールドプログラマブル素子

　前節まで，VLSI を製造するためのマスクパターンを生成することが設計の最終目標であった．しかし，半導体の高集積化が進みマスクを作成するためのコストが増大しており，一定数以上の VLSI を製造し販売しなければ，そのコストは回収できなくなっている．しかし，VLSI に用途によってはそれほど多数のチップが必要ではない場合もある．また，別の観点として，マスクを作って製造すると，設計終了（マスクパターン完成）から実際の VLSI チップが製造されてくるまで一定期間が必要になる．しかし用途によっては，設計終了後すぐに VLSI を利用できないと困る場合もある．これらの場合に有用なのが，フィールドプログラマブルゲートアレイ（**Field Programmable Gate Array, FPGA**）と呼ばれるチップである．これは，図 1.11 に示すような構造になっており，VLSI チップ内に，プログラム可能ゲート（万能ゲートとも呼ばれる）を一定数配置し，それらの配線もプログラムで自由に変更可能とした VLSI である．FPGA はチップを製造してから，その機能をプログラム可能なので，汎用の FPGA チップを予め製造しておくことができる．このように FPGA は柔軟性が高いが，一方，その柔軟性を実現しているプログラム機能を実現するために，通常の VLSI よりもより多くのゲートが必要になる．結果として，FPGA は通常のセミカスタム VLSI と比較して，数倍以上の回路面積や消費電力が必要になる場合も多々ある．したがって，用途を考えて利用することが重要であると言える．

　また，C 言語ベース設計では，図 1.12 に示すように，通常のプロセッサを用

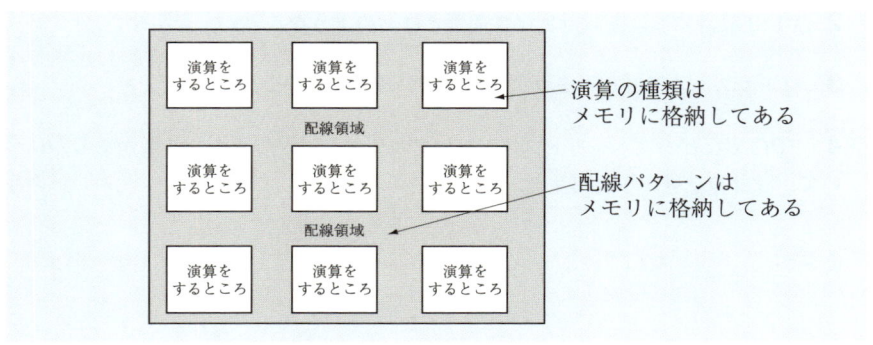

図 1.11　FPGA

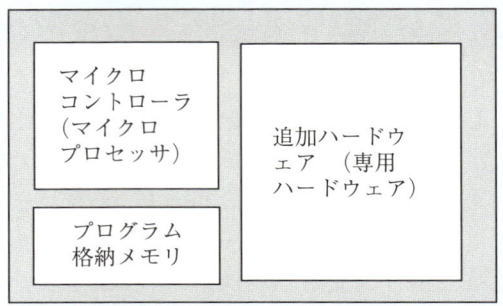

図 1.12 カスタマイズされたプロセッサ

意しておき，それに追加のカスタムハードウェアを追加する形で VLSI を設計することもよく行われている．このように VLSI チップの構造をある程度限定することで，C 言語による設計記述から効率よく，かつ自動的に VLSI 設計を生成することも可能になりつつある．

以上で VLSI とはどのようなもので，どのような構造を持ち，また，どのように設計されているかについて，簡潔にまとめた．次章からは，VLSI 設計の個々の過程について，説明していく．

1 章の問題

☐ **1** デジタル回路とアナログ回路の違いについて，設計する立場から説明せよ．

☐ **2** VLSI 設計における設計生産性危機とはどのようなことか，説明せよ．

☐ **3** フルカスタム設計とセミカスタム設計の違いについて説明せよ．

☐ **4** FPGA などのフィールドプログラマブル素子にはどのような特徴があるかについて，設計の立場から説明せよ．

2 システムレベル設計

　VLSI の最初の設計段階である，システムレベル設計について解説する．半導体技術の進歩により，1 つの VLSI チップで電子機器全体の機能を実現することが可能となっており，その設計には，電子機器システム全体を見渡した設計が必須となっている．本章では，設計の最も最初の段階であるシステムレベル設計について解説する．システムレベル設計では，設計対象の電子機器全体の動作を設計記述として表現するため，VLSI というハードウェアだけでなく，その上で実行されるソフトウェアについても同時並行的に設計が詳細化されていく，ハードウェア・ソフトウェア協調設計が行われている．なお，大規模 VLSI では，ハードウェア・ソフトウェア全体を実現できるため，SoC，あるいはシステム LSI と呼ばれることも多い．本章では，この SoC の上位設計手法について説明するため，大規模 VLSI のことを SoC と呼ぶことにする．

---

2 章で学ぶ概念・キーワード
- ハードウェア・ソフトウェア分割
- アーキテクチャ設計
- 通信設計

第 2 章 システムレベル設計

2.1 システムレベル

　一般により複雑なものを効率よく設計するには，図 2.1 に示すように，より抽象的に設計を記述し，設計者が扱わなければならない設計記述量を可能な限り小さくすることが重要である．前章でも述べたように，論理回路図のレベルよりも，レジスタ転送レベル（RTL），それよりも C 言語で記述したレベルの方が設計記述量を大幅に小さくすることができる．

　前章で説明したように，ハードウェアのみを設計する場合には，RTL と呼ばれる，各クロックサイクルごとの動作を表現した設計記述から設計を始めることが多い．次章以降で述べるように，RTL 記述からは，**計算機支援設計（Computer Aided Design, CAD）** により，ほぼ自動的に LSI の回路設計データに変換していくことができる．これに対し SoC では，設計対象はハードウェア・ソフトウェア全体を含んだシステム全体となり，RTL から設計を始めることはできない．このため，システム LSI 設計では，一般の電子機器設計と同じように，まず設計対象全体に対する**要求仕様解析**が行われ，その中で VLSI として何を実現すべきかについて検討し，仕様が決定される．ただし，SoC では 1 チップ上に設計対象システム全体が実現できる．つまり，VLSI というハードウェアだけでなく，その中のプロセッサなどで実行されるソフトウェアも同時に設計する必要がある．

　このため，要求仕様解析の結果定義された仕様から出発し，どの部分をハー

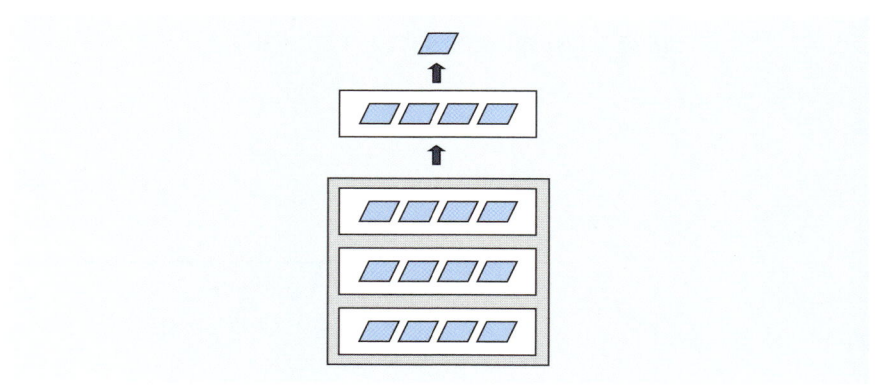

図 2.1　より上位の設計記述の利用による設計記述量の削減

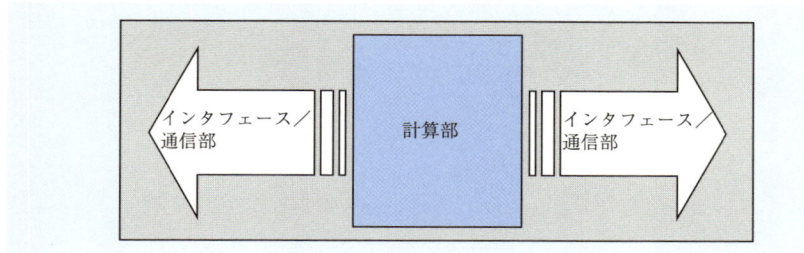

図 2.2 計算部と通信部の明確な分離

ドウェアとして実現し，どの部分をソフトウェアとして実現するかも含めて設計を進めていく必要がある．このように，ハードウェア・ソフトウェアの明確な区別のない設計記述から出発し，性能評価などを行いながら，ハードウェアで実現すべき部分とソフトウェアで実現すべき部分の分割を行い，また，図 2.2 に示すようにそれらの間の通信部と計算部の切り分けを明確化する作業が必要になる．これは一般にシステムレベル設計と呼ばれ，従来のハードウェア設計のみを対象とした VLSI 設計との大きな違いである．この要求仕様解析段階から，従来のハードウェア設計までの流れを図に示すと図 2.3 のようになる．まず，設計対象に対するコンセプトが決まり，それにしたがって実現すべき機能についての解析を行うことで実現すべき機能の列挙と分割を行う．機能は，入力から出力を計算する関数という形で表現され，関数の集まりとして設計対象の機能的仕様が決定される．この要求仕様解析には，**統一モデル言語（Unified Modeling Language, UML）**を利用した分析手法が利用されることが多い．次にその関数の集まりとして定義された機能的仕様から出発し，様々な実現手法を検討するアーキテクチャ探索を行う．機能的仕様の表現方法としては，ハードウェアとソフトウェアを統一的に表現できることが求められるため，プログラミング言語 C を基に，ハードウェアも表現できるように拡張した言語が多く提案され，利用されている．

機能仕様を詳細化していく際には，既設計を効率よく利用するために，既設計を登録した **IP コアライブラリ**を参照しながら，既設計を利用する部分と新規に設計する部分を分割していく．随時性能評価を行いながら結果として，設計対象の内，どの部分をソフトウェアとして実現し，どの部分をハードウェアとして実現するかについて，その分割を決定していく．ソフトウェアで実現すべ

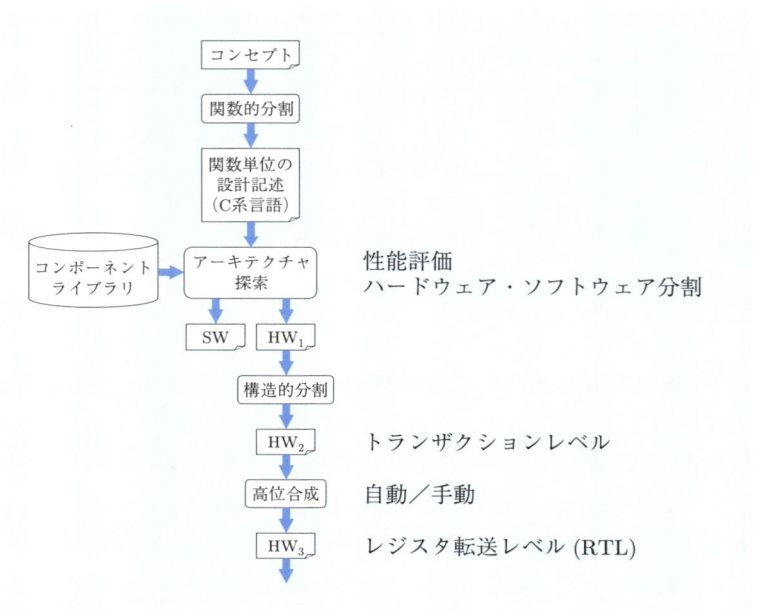

図 2.3 システムレベル設計の流れ

き部分については,通常のコンパイラ技術が利用される.これに対し,ハードウェアで実現すべき部分については,機能的な動作しか決定されていないため,まず機能から構造の抽出を行う.言い換えると,機能全体を表現する 1 つの関数を分割し,共通部分をまとめることで,一般にトランザクションレベルと呼ばれる,ハードウェアの構造も考慮した設計記述を作成する.これは,設計対象のハードウェアを処理に適切なサイズのモジュールへ分割し(構造的分解),分割された各々のモジュールの動作を C 言語を基にした言語記述で表現されたものであり,設計対象の動作をモジュール単位で通信も含めて表現したものであると言える.これらモジュールは,**高位合成(high level synthesis)**と呼ばれる手法により,RTL 記述に変換される.

本章では,このシステムレベル設計について解説する.システムレベル設計は,図 2.4 に示すように,4 つ程度の設計段階に区分することができるため,それぞれについて解説していく.要求仕様解析結果は機能として必要な関数の集まりとして表現されている.そこで,システムレベル設計では,その関数に対

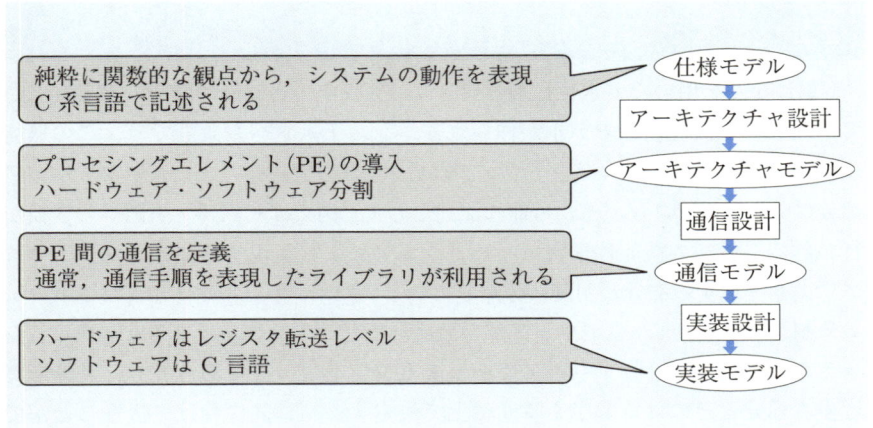

図 2.4　システムレベル設計の各処理

して，入出力を明示的に追加した表現として，ビヘイビア（behavior）と呼ぶものを処理の単位として使用する．そして，システムレベル設計の各設計段階の設計記述の表現では，ビヘイビア単位の動作は一種のフローチャートの形で表現できる．特にハードウェアでは並列動作が普通であり，並列動作や動作の階層的詳細化が可能なような，階層的な**有限状態機械**（**Finite State Machine, FSM**）として表現したモデルを利用する．階層的な FSM の形で動作を表現することにより，並列性の表現や設計の順次詳細化などを統一的に表現することができる．この階層的 FSM を設計言語の形で表現する際には，SoC 上のソフトウェア開発との整合性を考え，プログラミング言語 C/C++を拡張したものが利用される．この点に関しては，次章で説明する．ハードウェア部分の自動合成技術については，第 7, 8 章で解説するため，本章では設計対象を実現する際に，どの部分をハードウェアで実現し，どの部分をソフトウェアで実現するかを決定するまでのシステムレベル設計について説明する．

2.2 システムレベル設計の流れ

　UML などを用いた要求仕様解析により，実現すべき機能が関数の集まりとして定義された機能仕様モデルが作られる．システムレベル設計では，この機能仕様モデルを受け取り，ハードウェア部分は RTL 記述へ，また，ソフトウェア部分については，コンパイル可能な記述として，例えば C/C++ 言語への変換が行われる．最初の機能仕様ではハードウェアにより実現する部分とソフトウェアにより実現する部分が明確に分離していないため，ハードウェア・ソフトウェア分割，ならびに，ハードウェア部の設計詳細化が主な作業となる．一般に，システムの動作は，ハードウェアであってもソフトウェアであっても，計算を実行する部分とその計算順序を時間軸上で決定する制御部に分けて扱うことができる．両者を分けて考えることで，計算は同じで外部とのインタフェースのみが異なるような場合の対応が容易になるとともに，設計誤りを起こしにくくなる．計算を実行する部分では，計算式間の依存関係のみが実行順の制限となり，一般にデータフローグラフ（**Data Flow Graph, DFG**）で表現できる．これに対し，制御部は，時間軸上の動作の順を示す必要があり，一般に FSM がよく利用される．そこで，これら 2 つをペアとしてつなげたモデルが，システムレベル設計全般を扱うことができるモデルとなる．これは，通常の FSM における動作の表現に DFG を対応付けることで表現できる．

　表現しているモデルがソフトウェアやまだ動作の詳細が決定していないハードウェアの場合には，FSM が状態遷移を行う時刻は必ずしも一意に決まっておらず，自由度がある場合が多い．一般にシステムレベル設計では，FSM の各状態内の処理に必要な時間数は不定となる．これに対し，動作の詳細までを決定した RTL では，FSM は設計対象のクロック周期で状態遷移を行うことになる．つまり，1 つの状態内の処理は必ず 1 クロックサイクルで終了することになる．このことから，システムレベル設計とは，FSM の状態遷移を行う時刻の詳細を決定すること，および，FSM に関連付けられた DFG が大規模な場合にはそれを適切に分割し，必要に応じて並列化などの処理を導入する過程であると言える．

　DFG の分割は，グラフ分割を行うことであり，制御の詳細化は，必要に応じて FSM の各状態を併合したり，分割したりすることに相当する．このため，一般に FSM は，階層的に表現されることが多い．状態に階層性を導入すること

で，並列処理なども容易に表現可能となる．例えば図 2.5 に示す FSM では，最初，状態 S_1 から動作が始まり，次に S_2 に遷移した場合には通常のように順に実行される．しかし，状態 S_1 から状態 S_3 に遷移すると，状態 S_3 は階層的に定義されているため，状態 S_{30} と状態 S_{31} が同時に処理されるという並列動作が開始される（ここでは，1 つの階層的状態内で並列動作するものの間を点線で区切ることにする）．これらの状態はそれぞれ並列に処理され，状態 S_{30} の処理が終了すると，状態 S_{32} の処理に移り，また，状態 S_{31} の処理が終了すると，状態 S_{33} の処理が開始される．そして，状態 S_{31} と状態 S_{33} の両方の処理が終了すると，状態 S_3 の処理が終了したと見なされる．このように階層構造を許すことで，システムの動作を並列動作も含めて柔軟に表現することができる．

このような階層的な FSM を形式的に定義したものとして，ステートチャートがある．現在，多種多様なものが提案され，利用されており，標準化が進められている．機能仕様から始めるシステムレベル設計とは，図 2.5 に示すように，階層的な FSM の形で表現されたものに対し，どのような**プロセシングエレメント**（**Processing Element, PE**. 計算を行う物理実体で，ハードウェアとして実現される場合も，ソフトウェアとして実現される場合もある）で実現するかを決定することであり，アーキテクチャを規定し，それら PE 間の通信を明確化し，各 PE の詳細化を行うことを指す．ここで PE とは，LSI チップ上の回路に対応するハードウェアの場合と，LSI 上に実現されたプロセッサの上で実行するソフトウェアの場合があり，設計当初の機能仕様モデルなどでは両者には明確な区別がないが，設計が進むにつれて，明確な区別がなされるようになる．実際のシステムレベル設計の流れは，図 2.4 に示すように，機能仕様モデル，アーキテクチャモデル，通信モデル，実装モデルの 4 段階から構成される．以下，各設計段階について説明していく．

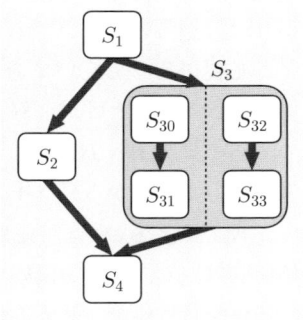

図 2.5　階層的 FSM の例

2.3 機能仕様設計

機能仕様は，関数の集まりで表現され，それらの間の実行順序が規定されている．一般に関数というと，プログラム上の関数が想起される場合が多いため，システムレベル設計では，このような関数のことをビヘイビアと呼ぶ．ビヘイビアは順に実行される場合もあるし，また，互いに並列動作する場合もある．これらは上述した FSM で制御されることになる．各ビヘイビアには，入力・出力通信を行うポート（port）が用意されており，通信ポート上の値を操作することで，外界と交信する．入力ポートから得られた値を使って，計算を行い，出力ポートに値を送出する動作が基本となる．複数のビヘイビア間のポートはチャネル（channel）と呼ばれる通信媒体によって結合される．各ビヘイビアは，チャネルを通して互いに通信することができる．チャネルでどのように通信が行われるかを記述したものが，通信プロトコルであると言える．このように，通信はチャネル内で記述し，計算はビヘイビア本体で記述するようにすることで，設計における計算部分と通信部分を分離して記述することができ，計算部分の解析と通信部分の解析を独立に行うことが可能となる．

ビヘイビアでは，通常の C プログラムのように各ビヘイビア間で共有変数を定義して利用することもできる．共有変数への書き込みや共有変数からの読み出しは，通常のプログラムのように自由に行うことができる．複数のビヘイビアが必要に応じて互いに通信しながら，所望の動作を実現するモデルのことを機能仕様モデルと呼ぶ．例えば，図 2.6 に機能仕様の例を示す．ここでは，3 つのビヘイビア B_1, B_2, B_3 があり，まず，ビヘイビア B_1 を実行し，その計算結果を出力ポートからビヘイビアから見た外部変数である v_1 に出力する．次にビヘイビア B_2, B_3 が同時並列に起動され，共に変数 v_1 から入力ポートを通して値を受け取り，計算を開始する．B_2 と B_3 が並列動作している際に，両者の間で通信を行う場合，共有変数 v_2 を経由して値を送っている．この場合，送る値を共有変数に書き出す動作（この場合は，ビヘイビア B_2 が行うとする）は，共有変数を読み出す操作（ビヘイビア B_3 が行う）より先に実行されなければ，正しく値が送付されない．しかし，ビヘイビア B_2 と B_3 は互いに並列動作しているため，それらの順序は不定になってしまう．そこで，これらの順序を一意に決定できるメカニズムが必要であり，一般にシステムレベル設計では，イベン

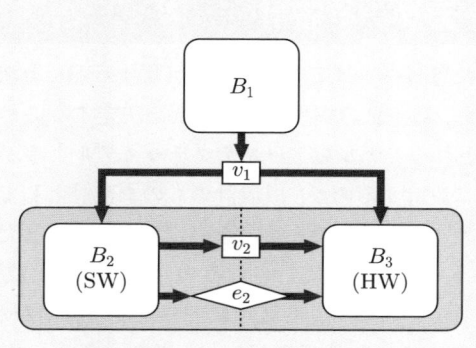

図 2.6　機能仕様モデルの例

トによる同期機構がよく利用される．この同期機構は通常の C/C++言語には無いもので，言語を何らかの方法で拡張して利用することになる．イベントによる同期機構を用いることで，記述中の特定の部分を別の部分より必ず先に実行するように指定することができる．これは，並列に動作するプログラムを開発する場合にも利用されるものであり，詳細については，次章で説明する．このように機能仕様とは，複数のビヘイビアが互いに通信しながら，目標とする計算を行う動作を記述したものということが言える．

2.4 アーキテクチャ設計

機能仕様に現れた各ビヘイビアそれぞれを実現する PE を決定することで，大まかな構造を決定し，各 PE の実現手法の概要を決定することをアーキテクチャ設計と呼び，生成されるモデルをアーキテクチャモデルと呼ぶ．各 PE がハードウェアとして新規に設計するのか，既設計のものを部品として用いるのか，あるいは，ソフトウェアで実現するのかなどを決定していく．また，各 PE が順に実行されるのか，あるいは並列に実行されるのかについても決定する．各 PE の実現方法が決定されているので，各処理にどの程度の時間がかかるかについて，過去の設計経験から大まかな予測値がわかる場合も多い．設計記述が次章の C 言語ベースの設計記述言語で表現されている場合には，シミュレーションが可能であり，このような処理時間情報を利用したタイミング解析を行うこともできる．タイミング解析を行いながら，最適なアーキテクチャを探索していくことになる．一般に，アーキテクチャ探索は機能仕様モデルをアーキテクチャモデルに変換する作業であり，具体的には，PE の割当て（allocation），ビヘイビア分割（behavior partitioning），変数分割（variable partitioning），通信チャネル分割（channel partitioning），各 PE のスケジューリング（scheduling）の 5 つの処理を行う．PE の割当てシステムを構成する要素の種類と数を決定する作業であり，PE（汎用プロセッサ，DSP，ASIC など），メモリ（SRAM，DRAM，FIFO，フレームバッファなど），バス，などの他に，すでに設計が済んでいる標準部品については，IP コアとして，ライブラリから選択する．なお，各 PE 内部の動作の詳細は未定であり，設計詳細化はアーキテクチャ設計の後で行われる．

図 2.6 の機能仕様モデルに対して，PE の割当てを行ったものを図 2.7 に示す．ビヘイビア B_1 と B_2 が PE_1 に割り当てられ，ビヘイビア B_3 が PE_2 に割り当てられている．各 PE は基本的に並列動作が可能なため，これらの割当ては，各ビヘイビアの処理量を勘案しながら，全体としての処理時間最短化などをコスト関数として，必要に応じて試行錯誤しながら決定する．この例の場合には，ビヘイビア B_3 の処理だけが重いと考え，そこに専用の PE_2 を割り当てている．設計者の意図としては，PE_2 は専用のハードウェアとして実現することで，重い負荷であるビヘイビア B_3 の高速化を狙っている．この PE の割当てが行われ

2.4 アーキテクチャ設計

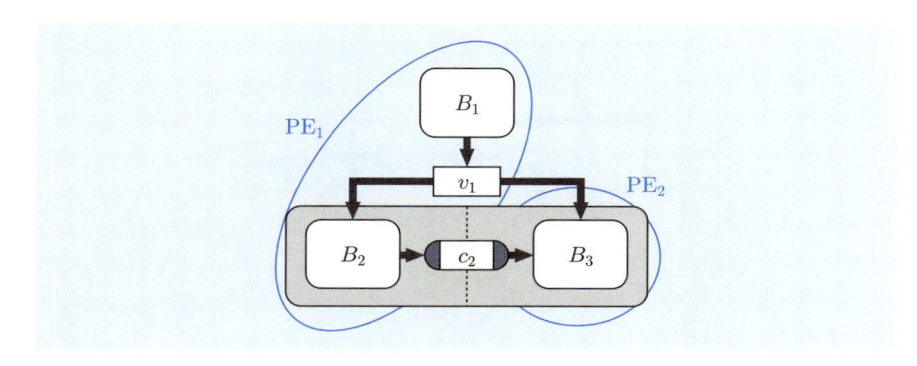

図 2.7 PE の割当て

ると，設計対象を表すモデルは，図 2.8 のように書き換えられる．PE_1 と PE_2 は互いに通信しながら並列動作している．PE_2 内のビヘイビア B_3 は PE_1 内のビヘイビア B_1 の処理が終了してから動作を開始する必要があるため，PE_1 内のモデルでは，ビヘイビア B_1 が終了すると，ビヘイビア B_2 を起動するとともに，並列動作として，PE_2 内のビヘイビア B_3 の起動を行うビヘイビア B_{13snd} を挿入する．B_{13snd} はチャネル cb_{13} に PE_2 内のビヘイビア B_3 の起動をかける信号を送出する．PE_2 内では，ビヘイビア B_3 を起動すべき時刻を見るために，新たにビヘイビア B_{13rcv} を挿入し，チャネル cb_{13} から起動信号が来るのを待つようにする．ビヘイビア B_3 が起動され，その処理が終了した時点で，その終了を PE_1 に知らせる必要があるため，上と同様に，PE_2 内に新たにビヘイビア B_{34snd}，PE_1 内に新たにビヘイビア B_{34rcv} を挿入する．なお，ここでは，機能仕様モデルでは，ビヘイビア B_2 とビヘイビア B_3 の間の通信が共有変数とイベントで表現されていたが，PE 単位の動作に分割する際に，図 2.9 のように両者を 1 つのチャネルで表現している．PE_2 をハードウェアで実現する予定なので，物理的な実体と対応付け易いチャネルでの通信に書き換えている．以上のように PE の割付けと，新規ビヘイビアの導入やチャネルの追加など，必要に応じたモデルの書き換えを行う．結果として得られるモデルがアーキテクチャモデルである．一旦，PE が割り当てられると，各 PE を実現する部品として，ハードウェアを利用するのか，ソフトウェアとなるのかの目安がついているため，およその処理速度の評価を行うことができる．もし，その見積りが大き過ぎる場合には，再度 PE の割当てを変更する必要がある．このような設計上の

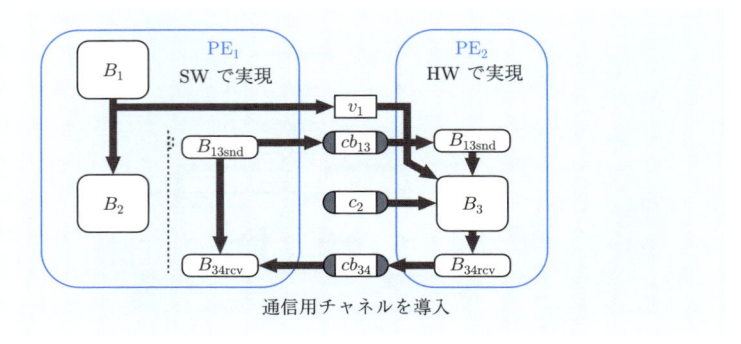

図 2.8　通信用チャネルの導入

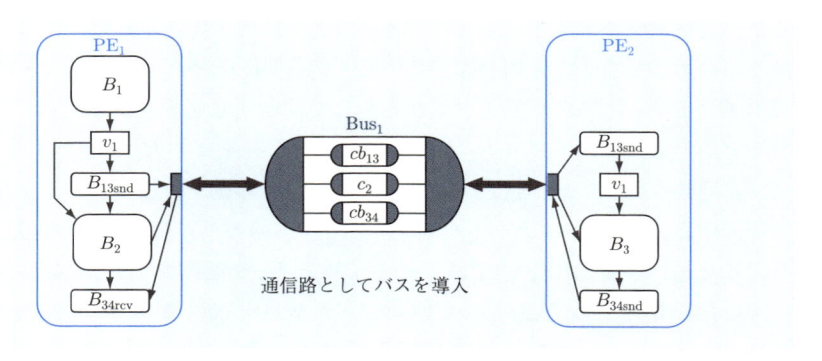

図 2.9　通信路としてのバスの導入

試行錯誤は一般に，設計空間探索と呼ばれる．設計空間探索は，設計の各段階で行われるが，より上位（抽象的）における探索は，最終設計により大きな影響を与える．従来，純粋なハードウェア設計は，RTL から始めることが多かったが，より高性能な設計を得るための設計空間探索としては，上位であるアーキテクチャ設計の段階から始めた方がよい．この意味では，システムレベル設計は純粋なハードウェア設計を行う際にも重要な技術であると言える．

2.5 通信設計

アーキテクチャモデルでは，並列に動作する複数の PE が必要に応じて通信を行いながら，必要な計算を進めていく記述となっている．このモデルをより詳細化にする上で，まず行う必要があるのは，PE 間の通信を詳細化することである．この作業を通信設計と呼び，通信設計結果として得られる設計モデルを通信モデルと呼ぶ．例えば，図 2.6 に示すモデルでは，ビヘイビア B_2 と B_3 は並列に動作しており，その間の通信は共有変数 v_2 とイベント e_2 による同期で実現されている．ビヘイビア B_2, B_3 を 1 つのソフトウェアとして実現するような場合には，このままでも実現可能であるが，片方または両方をハードウェアとして実現する場合には，共有変数による通信のままでは実現できない．ハードウェアの通信は入出力ポート経由した信号線で行う必要があるため，図 2.8 の示すようにチャネルによる通信に変換する必要がある．イベントによる同期と共有変数が 1 つのチャネルの中にまとめられており，カプセル化と呼ばれる．このようにカプセル化することにより，各ビヘイビア間で具体的にどの記述同士が通信しているかが明瞭になる．このような操作は，各共有変数による通信ごとに行われるため，並列動作する PE 間のチャネルは複数あるのが普通である．

通信合成では，これらチャネルの実現法の決定を行う．まず，バス割付けとプロトコル選択を行う．いくつかのチャネルを統合して 1 つのチャネルとする．これは一種のシステムバスを定義したことに相当する．そして，このシステムバスに対し，そのプロトコルを表すモデルを内部に作成する．このプロトコルは，統合された複数のチャネルで実現していた通信全体を実現できるものとする必要がある．一旦，プロトコルが決まると，それに合うように PE 側のモデルも必要に合わせて修正する必要がある．これには 2 つの方法があり，1 つは PE のモデル自体を修正することであり，もう 1 つは，PE のモデルはそのままにし，PE のモデルとチャネルのプロトコルのインタフェースを合わせるための**プロトコル変換器**（ラッパ（wrapper）やトランスジューサ（transducer）とも呼ばれる）をチャネル内のモデルに付け加える方法がある．後者の場合，作成したプロトコル変換器は最終的に各 PE 内のモデルと統合されて，実装設計へと進むことになる．なお，既設計を IP コアとして，再利用する場合には，IP コア内部を修正することはできないことも多いので，そのような場合にはプロ

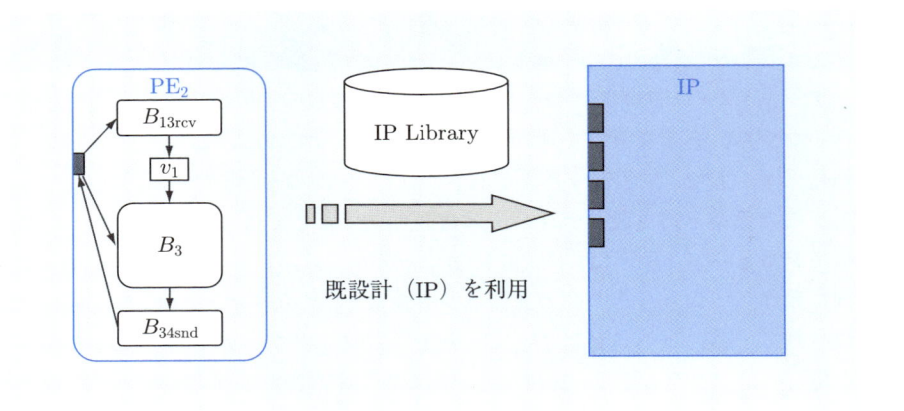

図 2.10 既設計（IP）の利用

トコル変換器は別の PE として実現されることになる．例えば，図 2.8 のアーキテクチャモデルに対して，図 2.10 に示すように，PE_2 全体と 1 つの IP コアで置き換えることもできる．この場合，利用した IP コアの外部インタフェースのプロトコルがシステムバスのプロトコルと合わない場合には，プロトコル変換器がチャネル内に挿入される．IP コア自体は，修正できないとすると，このプロトコル変換器は新たな PE として実現されることになる．

以上のように作業を行うことで，アーキテクチャモデルを通信モデルに変換できる．変換された通信モデルのうち，ソフトウェアとして実現される PE は，プログラム言語（C/C++など）に変換され，ソフトウェアとして実現される．また，ハードウェアとして実現される PE は，ハードウェア合成手法によって，RTL 記述，論理回路，配置・配線を経て，LSI として実現される．最後に注意すべき点として，図 2.11 のアーキテクチャ設計，通信設計，実装設計は各設計で一度しか行わないということはなく，設計を進めては，性能改良などを行うために戻って，再度設計するという試行錯誤的な操作の繰り返しになるということである．高品質かつ高性能なシステムの設計では，試行錯誤は避けて通れない．言い換えると，このような試行錯誤をスムーズに行えるような設計支援ツールが望まれている．

2.5 通信設計

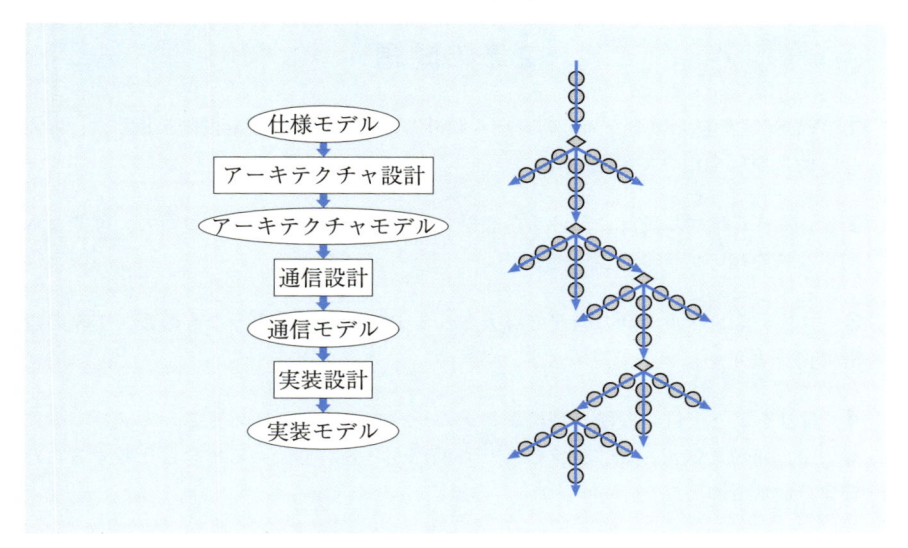

図 2.11 試行錯誤を行いながら設計を進める

2章の問題

☐ **1** VLSI 設計におけるシステムレベル設計とはどのような設計段階を指すか，可能なら簡単な例を用いて説明せよ．

☐ **2** システムレベル設計における各設計ステップと設計の流れについて，可能なら簡単な例を用いて簡潔に説明せよ．

☐ **3** システムレベル設計の過程で導入される PE とはどのようなものか，実際の設計で何を表すかについて説明せよ．

☐ **4** 設計をより上位の段階，特にシステムレベル設計から初めることのメリットについて，下位の設計段階，例えばゲート回路から設計を始める場合と比較することにより説明せよ．

3 C言語ベース設計

　2章では，システムレベル設計の各段階における設計手法を階層的な有限状態機械（**FSM**）を基にしたモデルで表現してきた．実際に設計を行うには，それを何らかの設計記述言語で表現する必要がある．言語で表現することにより，シミュレーションや自動合成などの設計支援ツールの開発が容易になり，また，設計資産の蓄積も行い易い．システムレベル設計では，ソフトウェアとハードウェアの両方を統一的に記述する必要があるため，ソフトウェア記述のための言語を基に，それをハードウェアでも記述できるように拡張した言語を利用することが自然である．この観点から，システムレベル設計では，**C/C++言語**または，それらを拡張した言語が利用されることが多くなっている．代表的な言語として，**SystemC**や**SpecC**があり，これらは，通常のC/C++言語を基本的に利用するが，一部拡張・修正した言語も各種提案されている．本章では，SpecC言語の考え方から説明し，その後もう1つのよく利用される言語であるSystemC言語について，SpecC言語と対比させながら説明する．これにより，一般にC言語で設計を記述するための考え方を理解することを目標とする．また最後に，C言語で設計記述を行った場合の設計最適化の考え方と流れについて説明する．

> **3章で学ぶ概念・キーワード**
> - SystemC/SpecC言語
> - 並列動作
> - イベント制御
> - 設計フロー（流れ）

3.1 Cベース設計記述言語の考え方

C言語はプログラミング言語であり，一般的には，個々の関数を順番に実行していくことになる．しかし，ハードウェアを含む一般的なシステムの動作を記述する場合には，並列に処理が行われることが多く，また，特にハードウェア部分は1つのハードウェアブロックが複数箇所で使われるなど，構造が階層的になっている．したがって，C言語あるいはC++言語をそのまま利用することは難しく，何らかの工夫が必要となる．本章では，この一般のC言語あるいはC++言語からの拡張や差異について説明していく．

C言語による設計記述言語は現在多数提案されている．**SpecC言語**はそれらを代表するものの1つであり，C言語を基にし，構造的階層の記述，並列動作の表現，並列動作間の同期機構（イベントの発生・消費など），通信のためのチャネルなどを記述するための構文をC言語の拡張という形で新たに導入することで実現している．SpecC言語による設計記述（最終的な実装はハードウェア・ソフトウェアどちらの場合もある）は，一般に図3.1に示すような構造になっている．設計は，ビヘイビアと呼ばれるモジュールやブロック単位に記述される．ブロック間の通信は，主にそれらを接続しているチャネルを通して行われる．図では，2つのビヘイビア A と B があり，それらは2つのチャネルを通して互いに通信することが表現されている．このようにすることで，ビヘイビアを用いて設計対象の階層構造を自由に表現することができる．このビヘイビアの定義とチャネル通信は，C言語そのままでは記述できないので，SpecC言語ではC言語を拡張することにより実現している．

1つのビヘイビア内は，通常のC言語のように関数の集まりとして記述することも，また，さらに複数の子のビヘイビアを定義して，そのブロック内の構造を記述し，さらに詳細化していくこともできる．図3.1では，ビヘイビア A, B とも4つの関数の集まりとして記述されている．各関数の実行は，順序的に行われることもあれば，図の例のように並列に実行されることもある．順序実行は，通常のC言語と同じであるが，並列実行はC言語では表現できないので，そのために言語が拡張されている．また，並列実行されている時には，それらの間で計算に依存関係がある場合には，それを満たすように並列実行を制御する必要がある．例えば，ある関数 F_1 の途中計算結果を並列実行している他の関

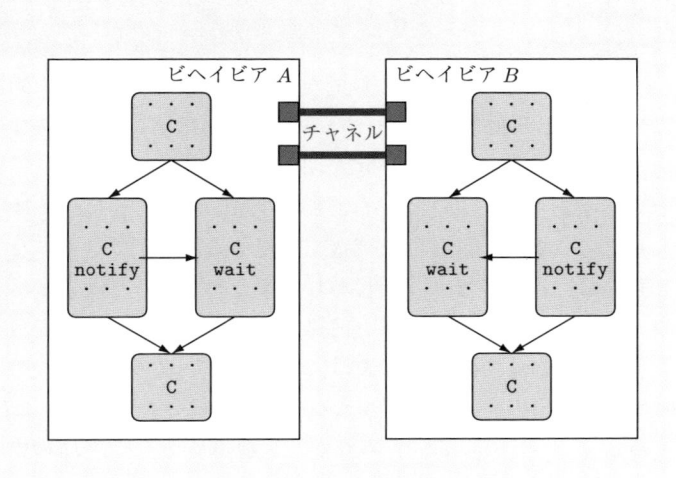

3.1 C ベース設計記述言語の考え方

図 3.1 C 言語によるシステム設計記述の基本

数 F_2 で参照する場合には，F_1 の計算が終了してから F_2 の該当する計算を開始する必要がある．このように並列計算しているもの同士の実行の順序を設計者の意図に合わせて制御することを並列計算において同期を取るという．SpecC 言語にはこの同期を取るための機構として，**notify** 文と **wait** 文が用意されている．wait 文は実行が開始されても対応する notify 文が実行されるまで終了せず，待つように制御される．結果として，wait 文以降は，対応する notify 文が実行されてから，実行されることが保証される．

3.2 SpecC 言語

SpecC 言語で記述できる構造の一般的な形を図 3.2 に示す．基本的な概念として，システムの設計単位である，モジュールあるいはブロックを表すビヘイビア，ビヘイビアが外部と通信するための入出力口となるポート，ポートの間を接続するチャネルがある．1 つのビヘイビアの内部にさらに子ビヘイビア（chile behavior）を作ることで，階層的な構造を表現することができる．なお，ビヘイビア間の通信は，通常チャネルで行われるが，通信する 2 つのビヘイビア共にソフトウェアとして実現することを前提とする場合には，共有変数を利用して通信することもできる．図 3.2(a) では，ビヘイビア B の中に 2 つの子ビヘイビア b_1, b_2 があり，それらがチャネルやポートで接続されている．これを C 言語で表現するにはどうすればよいだろうか？ 親のビヘイビア B の中に子ビヘイビア b_1, b_2 があるので，図 3.2(b) のようにビヘイビア B を定義し，その中で子ビヘイビアである b_1, b_2 を関数呼び出しするように書けばよいように思える．しかし，C 言語では，すべての実行は順序的に行われるので，図 (b) のように記述すると，同図 (a) のような階層構造を表現できていない．順番に実行するため，最初にビヘイビア b_1 を実行し，次にビヘイビア b_2 を実行するため，実行は一度だけ順番に行われるだけである．しかし，階層構造が表現しているのは，ビヘイビア B の中では，子ビヘイビア b_1, b_2 が常に並列に実行されるという動作であり，明らかに異なる．したがって，図 (b) のような順序実行ではなく，子ビヘイビアを並列実行するというように記述しなければならない．そのために SpecC 言語では，par 文が用意されており，par 文内のものはすべて並列に実行されることを意味する．この par 文を使って，図 (a) に示される階層構造は，同図 (c) のように記述される．このように回路図など構造を表すものに現れる各モジュールやブロックはすべて並列動作していることに注意したい．順序実行では，階層的構造を表現することができない．

図 3.3 に SpecC 言語による並列動作記述の例を示す．main では，子ビヘイビア a, b が並列実行されることが記述されている．これは，ビヘイビア main の中に子ビヘイビア a, b が存在する階層構造を表現していることに注意したい．ビヘイビア a では 2 つの代入文が，ビヘイビア b では 1 つの実行文があり，互いに依存関係がある．つまり，ビヘイビア a の中の $y = x$ と，ビヘイビア b の

3.2 SpecC 言語

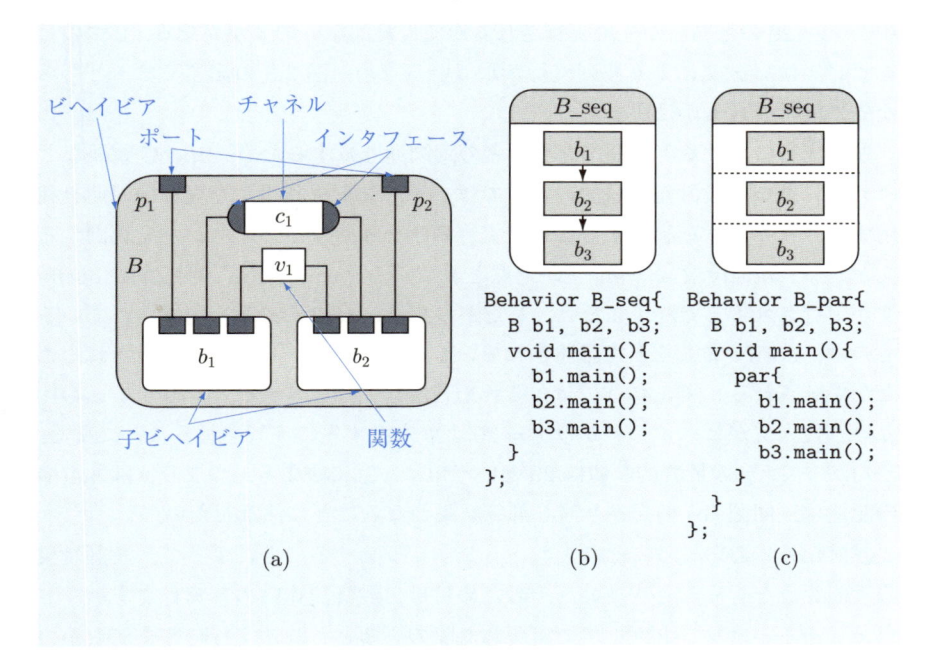

```
Behavior B_seq{
  B b1, b2, b3;
  void main(){
    b1.main();
    b2.main();
    b3.main();
  }
};
```

```
Behavior B_par{
  B b1, b2, b3;
  void main(){
    par{
      b1.main();
      b2.main();
      b3.main();
    }
  }
};
```

(a)　　　　　　　　(b)　　　　　　　　(c)

図 3.2　C 言語の拡張

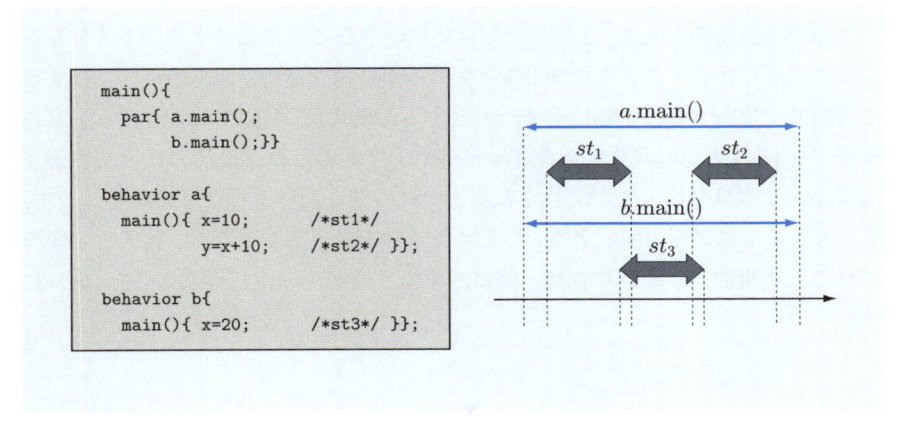

```
main(){
  par{ a.main();
       b.main();}}

behavior a{
  main(){ x=10;      /*st1*/
          y=x+10;    /*st2*/ }};

behavior b{
  main(){ x=20;      /*st3*/ }};
```

図 3.3　SpecC 言語による並列記述例

中の $x = 20$ のどちらが先に実行されるかで最終的な y の値が異なる．2つのビヘイビアは par 文により並列実行されているため，図 3.3 の記述では，どちらが先に実行されるかは決まらない．

並列実行における実行順序を設計者の意図通りにするため，SpecC 言語など C 言語に基づく設計記述言語の多くでは，イベントを利用した実行の同期を利用する．イベントを制御することで実行順序を規定する．イベントを制御する文として，notify 文と wait 文が用意されている．wait 文は，対応する notify 文が実行されるまで終了しない．したがって，wait 文より下に記述されているものは，notify 文より上に記述されているものよりも，必ず後で実行されることが保証される．図 3.4(a) では，これを利用して，ビヘイビア a の $y = x + 10$ という代入文がビヘイビア b の $x = 20$ よりも必ず先に実行されることになる．したがって，y の最終的な値は 20 という値に一意に決まる．つまり，図 3.4(a) の記述は，同図 (b) の記述と同じ計算結果となることに注意したい．

設計記述においては，それをシミュレーションすることによって，設計対象の性能評価を行うことも多い．そのためには，設計記述内の各実行文をハードウェアあるいはソフトウェアで実現した際の必要とされる実行時間を何らかの方法で見積もり，それを設計記述内に挿入する．そのために，SpecC 言語では，waitfor 文が用意されている．例えば，waitfor(2) は，その実行にシミュレーションの際の実行時間として，2 時刻分だけ時間が進むことを意味する．シミュレーションの際には，このような waitfor 文のみが時刻を進め，通常の実行文はすべて時間 0 で実行され，時刻は進まないとする．例えば，図 3.5 の記述では，ビヘイビア a 内の 2 つの代入文の間に waifor(2) があるため，最初の代入文が終了してから 2 つ目の代入文が実行されるまでに時刻 2 だけ進むことになる．一方，ビヘイビア b には waitfor 文はないため，時刻を進めることなく，代入文が実行される．結果的に，それぞれは，図に示すような順序で実行されることになる．

3.2 SpecC 言語　　37

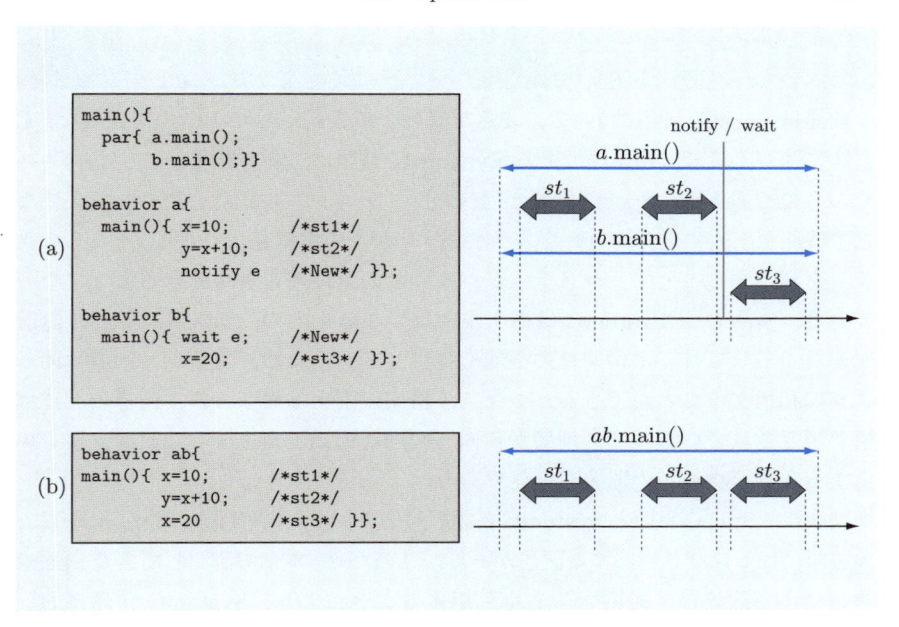

```
main(){
  par{ a.main();
       b.main();}}

behavior a{
  main(){ x=10;      /*st1*/
          y=x+10;    /*st2*/
          notify e   /*New*/ }};

behavior b{
  main(){ wait e;    /*New*/
          x=20;      /*st3*/ }};
```
(a)

```
behavior ab{
main(){ x=10;      /*st1*/
        y=x+10;    /*st2*/
        x=20       /*st3*/ }};
```
(b)

図 3.4　SpecC 言語における並列動作の同期文の利用

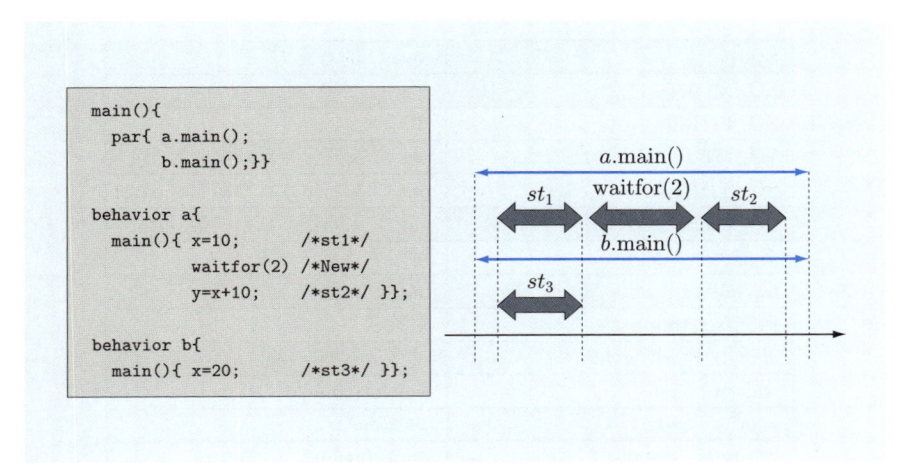

```
main(){
  par{ a.main();
       b.main();}}

behavior a{
  main(){ x=10;        /*st1*/
          waitfor(2)   /*New*/
          y=x+10;      /*st2*/ }};

behavior b{
  main(){ x=20;        /*st3*/ }};
```

図 3.5　SpecC 言語での時刻時間の指定例

3.3 SystemC言語

前節はSpecC言語について，要点を説明してきた．もう1つの代表的な，C言語に基づく設計記述言語である**SystemC言語**は，構文規則としては，C++そのものであるが，SpecC言語と同様のシステムレベル設計言語として必要な拡張機能を記述するためのクラスライブラリが予め用意されており，それらのクラスを利用することで，システムレベル設計の全段階を表現できるようになっている．SpecCとSystemCは構文規則は異なるものの，システムレベル設計記述言語としては，ほぼ同様の機能を提供しているため，実質上，両者は同じように利用することができる．つまり，構文規則上は異なるが，同様の記述機構が用意されているので，両者から同一の内部モデルを生成し，設計支援を提供するようなツールの開発も可能である．

図3.6にSpecC言語とSystemC言語の対応を示す．この図からわかるように，両言語にはそれぞれ対応する記述がある．このため，本章で説明してきたSpecC言語による記述は，対応する文を利用することにより，SystemC言語においても同様に行える．詳細については，SystemC言語の専門書を参照されたい．

SystemC	SpecC的考え方
SC_MODULE	ビヘイビア
SC_PORT	ポート
SC_METHOD	parで並列化された関数呼出し
SC_THREAD	parで並列化された関数呼出し
SC_CTHREAD	parで並列化された関数呼出し
各種データタイプ	対応するデータタイプ
sc_buffer	buffered型
時間(sc_time)	整数型
イベント(sc_event)	イベント型(event)
wait(sc_time)	waitfor(time)
wait(sc_event)	wait(event)
notify(sc_event)	notify(event)
notify(sc_event, sc_time)	waitfor(time); notify(event);
SC_CTHREADにおけるwait()	waitfor(1)

図3.6 SpecC言語とSystemC言語の対応

3.4 C言語ベース設計の流れ

これらのC言語ベースのシステムレベル設計記述言語を利用した設計の詳細化は，以下のようになる．まず，図3.7の左に示すような機能仕様に対応する設計記述が与えられるとする．この記述では，設計対象の動作は，ビヘイビア（C言語では関数）A, B, C をこの順に実行することで，実現されることになっている．そこで，まず，個々のビヘイビア A, B, C の最適化を行う．最適化後のビヘイビアを A_1, B_1, C_1 とすると，図の右のような記述になる．次に図3.8に示すように，プロセシングエレメント（PE）への割付けなどにより，並列動作が導入される．ここでは，図の左のビヘイビア A_1, B_1 が，右では並列動作になっている（par文による並列実行を利用している）．また，並列動作間の実行順序上の必要な同期を取るためのイベント処理文（notify文とwait文）も適宜，導入されている．そしてさらに設計を詳細化するために，図3.9に示すように各ビヘイビア A_1, B_1, C_1 がビヘイビア A_2, B_2, C_2 へと詳細化される．このような操作を繰り返すことで，システムレベル設計をC言語ベースの設計記述言語で表現していくことができる．以上では，システムレベル設計は上位から下位へ，徐々に設計を詳細化する過程であることを示しているが，その詳細化は多数の詳細化ステップから構成される．今までの説明では，機能仕様モデル，アーキテクチャモデル，通信モデル，それに実装モデルと4段階であるが，実際には，それらの間の数多くの詳細化ステップが存在する．また，詳細化の過程は一通りではなく，何回もの試行錯誤が行われ，様々な設計詳細化とその

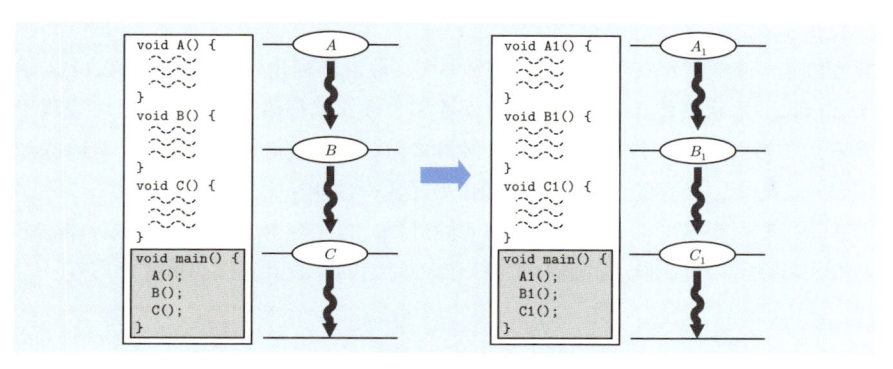

図3.7 C言語ベース設計1

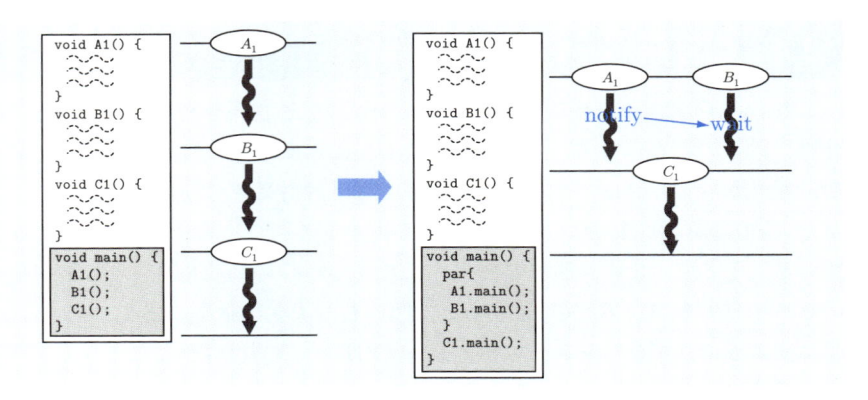

図 3.8　C 言語ベース設計 2

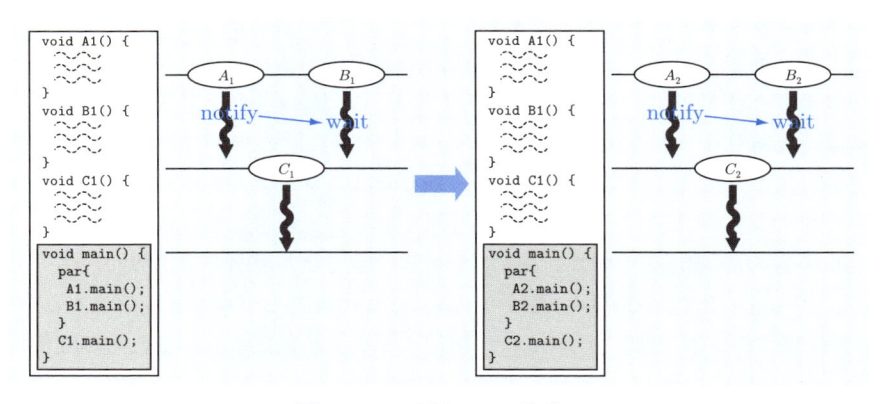

図 3.9　C 言語ベース設計 3

評価に基づく選択がなされる．結果として，設計詳細化の過程は，図 2.11 に示すように，木状に各詳細化ステップが並ぶような試行錯誤の結果として表現できる．このように，システムレベル設計において，設計の選択肢を十分吟味しておくことで，最終的なシステム LSI の品質や性能を大きく向上させることができる．したがって，システムレベル設計は，自動設計ではなく，試行錯誤をしながら設計の選択肢を評価していく形の対話的な設計支援が重要である．

3.5 C言語記述における最適化

C言語ベース設計では，通常のプログラムと同じようにC言語を用いて記述することができるが，それをハードウェアで実装する場合には，実装効率を考慮した記述を行うことが重要となる．ハードウェア実装に向かない記述として，複雑なポインタ操作，再帰呼び出しなど動的に作業領域を拡張しなければならない記述などがある．ソフトウェアとして実現する場合には，このような記述が問題とはならない．しかし，ハードウェア実装する場合にこのような記述がある際には，それを等価であるが，ポインタや動的な領域確保などをしないような記述に変更する必要がある．

一般に，ハードウェア実装がソフトウェア実装よりも高速化される理由は以下のようになる．

- ハードウェア実装では，ソフトウェア実装のプロセッサとメモリという大きな分割ではなく，必要に応じて多数の小規模メモリを用意することができる．
- 演算器もプロセッサ内の一定数ではなく，ハードウェア実装では必要な数だけ用意することができる．
- データのビット幅もプロセッサのように32ビットや64ビットという固定幅ではなく，必要に応じてビット幅を自由に決定できる．
- パイプライン実行における段数も，ハードウェア実装では自由に決めることができる．

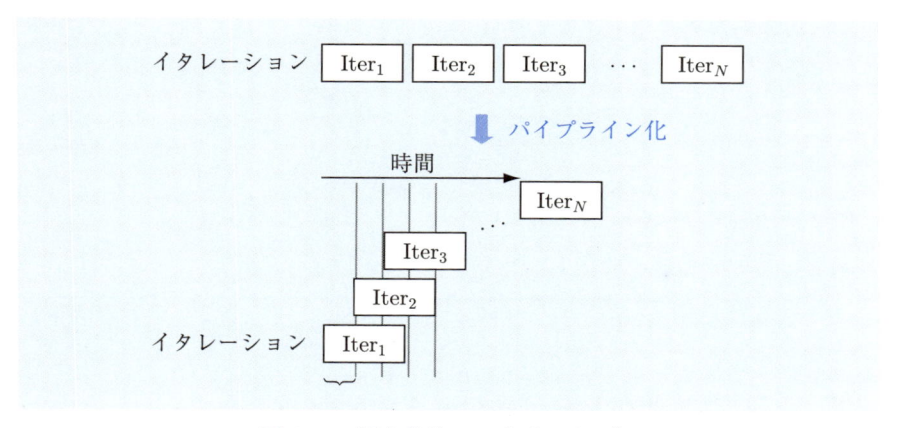

図 3.10 順序動作のパイプライン化

特にパイプライン実行は，ハードウェア実装で高速化を実現する上で，非常に重要である．パイプライン実行とは，通常 for ループなどを利用して，同じ演算を多数のデータに対して適用する際に，図 3.10 の上のように順番に実行するのではなく，同図下のように，最初のデータの処理が終了する前に次のデータの処理を開始し，データ間で処理をオーバラップさせながら並列実行することを指す．図で Iter と示したイタレーションとは，ループによる繰り返し処理の 1 回分を指しており，各イタレーションごとに個々のデータに処理が施されていくことになる．

　一般に，**パイプライン処理**では，ループの中の 1 回の処理が長ければ長いほど，多重に並列実行できる可能性があり，性能向上が期待できる．しかし，一般のプログラムでは必ずしもパイプライン処理を考慮していないため，ループ内の処理が短いものも多い．そのような場合には，図 3.11 に示すように，各ループの開始／終了インデックスを合わせることなどを行うことで，複数のループを融合する，ループ融合と呼ばれる記述変換も，特に信号や画像処理の分野ではよく行われている．このような記述変換は，変換のための条件が変換自体が非常に複雑になる場合も多く，主に人手で行われている．一般に，ソフトウェアとして実現することを前提に書かれた C 言語記述をハードウェア実装に適したものに変換する作業では，様々な知識が必要になることも多い．上に示したようなハードゥエア実装もメリットを十分理解して，創造的な記述変換ができれば，性能が飛躍的に向上する．通常のソフトウェアプログラミングと同様，創造性が非常に重視される作業であると言える．

3.5　C言語記述における最適化

```
1. Void filter(int a[], int b[]) {
2.   int b[10000], I;
3.   for (i=1; i<9999; i++)        // LOOP L1
4.     b[i] = a[i-1] - 2*a[i] + a[i+1];
5.   for (i=100; i<9899; i++)  //  LOOP L2
6.     c[i] = b[i-100] - 2*b[i] + b[i+100];
7. }
```

⬇ ループ L_1

```
1. Void filter(int a[], int b[]) {
2.   int b[10000], I;
3.   for (i=1; i<9999; i++)        // LOOP L1
4.     b[i] = a[i-1] - 2*a[i] + a[i+1];
5.   for (i=200; i<9999; i++)  //  LOOP L2
6.     c[i-100] = b[i-200] - 2*b[i-100] + b[i];
7. }
```

⬇ ループ L_2

```
1. Void filter(int a[], int b[]) {
2.   int b[10000], I;
3.   for (i=1; i<9999; i++)        // LOOP L1
4.     b[i] = a[i-1] - 2*a[i] + a[i+1];
5.   for (i=1; i<9999; i++)        //  LOOP L2
6.     if (i>=200)
7.       c[i-100] = b[i-200] - 2*b[i-100] + b[i];
8. }
```

⬇ ループ L_3

```
1. Void filter(int a[], int b[]) {
2.   int b[10000], I;
3.   for (i=1; i<9999; i++)    {   // LOOP L1+L2
4.     b[i] = a[i-1] - 2*a[i] + a[i+1];
5.     if (i>=200)
6.       c[i-100] = b[i-200] - 2*b[i-100] + b[i];
7.   }
8. }
```

図 3.11　パイプライン化 C 言語記述の変換

3章の問題

☐ **1** システムレベル設計を表現するためにC言語あるいは，C++言語を用いるメリットについて説明せよ．

☐ **2** ハードウェア設計をC言語で表現する際に必要な拡張すべき点について説明せよ．

☐ **3** 並列動作する関数やプロセスの間の実行順序を制御するための同期文について例を用いて説明せよ．

☐ **4** ハードウェア実装がソフトウェア実装よりも高速化できる理由を簡潔にまとめよ．

4 組込みプロセッサ用コンパイラ技術

　VLSI内で実現されるプロセッサは，通常の汎用プロセッサが利用されることもあるが，多くの場合，信号処理用プロセッサ（Digital Signal Processor, DSP）やマルチメディアプロセッサと呼ばれるような特定の計算や処理の効率化に特化したプロセッサも広く使われている．これらの一般に組込みプロセッサと呼ばれるものに対するコンパイラは，通常の汎用プロセッサ用のコンパイラ技術を基にしているが，アーキテクチャの多様性やよりよい最適化のための拡張も多く施されている．本章では，組込みプロセッサ特有のコンパイル技術について解説していく．

> **4章で学ぶ概念・キーワード**
> - プロセッサアーキテクチャ
> - コード最適化
> - ソフトウェア設計

4.1 組込みプロセッサとは？

　組込みシステムとは，機器に組み込まれた特定用途のコンピュータシステム全般を指し，ソフトウェアとハードウェアが協調的に動作しながら，その機器に要求される機能を実現するものを指す．代表的な例として，ディジタルカメラ，携帯電話，車のエンジンなどの走行システムの制御，カーナビゲーション，ディジタルテレビ，エレベータの制御，さらには，人工衛星に搭載されている電子機器などがあり，社会で利用されている電子機器応用システムのすべては組込みシステムであると言える．

　組込みシステムは，1つ以上のプロセッサとその機器用の専用ハードウェアから構成され，プロセッサ上のソフトウェアと専用ハードウェアが協調しながら動作する．このため，その設計は一般に，ハードウェア・ソフトウェア協調設計と呼ばれる．組込みシステムで利用されるプロセッサは，一般のPCで使われるプロセッサと同様のものが使われることもあるが，一般的には，特定の用途向きに設計された組込みプロセッサが利用される．PCなどで利用される汎用の一般プロセッサと組込みプロセッサの差異は以下のようになる．

- 組込みプロセッサは特定の用途のソフトウェアの高速実行を目指している．
- 組込み機器は一般に動作環境が厳しい（高温／低温・多湿など）ことが多い．
- 組込み機器は，低消費電力設計が必須である．
- 一般的に組込み機器の価格を押さえるため，組込みプロセッサの価格も汎用のプロセッサより低価格化したい．
- 組込み機器は，一旦システム内で使われ始めると，数年以上の長期にわたってそのまま利用されることが多いため，耐久性が重要となる．
- 組込み機器は自動車の制御など一定時間内に応答することが強く要求されるシステムである場合が多いため，その動作時間が予測し易いことが重要となる．

　以上のような理由により，組込みプロセッサは，一般の汎用プロセッサとは異なる指針で設計・開発されており，特殊な命令を持っていたり，アーキテクチャも独自のものを持っている場合が多い．したがって，組込みプロセッサ用のコンパイラは汎用プロセッサ用のコンパイラと共通点も多いが，異なる部分もかなりある．本章では，この組込みプロセッサの特徴的なアーキテクチャをいくつか紹介するとともに，そのためのコンパイラ技術の基本について解説する．

4.2　組込みシステムの設計の流れ

　組込みシステムは，図 4.1 のような流れで設計される．まず，システムに必要な機能や性能，また製造コストなどの仕様を決定する．一般的に仕様は，主に自然言語，つまり日本語ないし英語を基本に，必要に応じていろいろな図を使うことで記述される．図の利用は主にわかり易くするためであるが，図の形式は書く人によって異なり，結果的に他の人が描いた図は理解しにくい，あるいは間違って理解してしまうという問題が生じている．そこで，図の形式の標準化が進められており，**統一モデル言語（UML）**と呼ばれている．仕様が決定すると，仕様は実装すべき機能（あるいは関数）の集合として記述されているが，それらの機能のうち，ハードウェアで実現すべきものとソフトウェアで実現すべきものの分割が行われる．この過程は，すでに第 2, 3 章で説明したシステムレベル設計として実現される．ハードウェアとソフトウェアが分割されると，それぞれに対し，独立に設計の詳細化・実装化が進められていく．ハードウェア設計の過程については，次章以降で詳細な説明を行う．ソフトウェア部分については，図に示すように，ほぼ一般のソフトウェア開発を同様に進められていくが異なる部分もある．図にあるように，組込みシステムのソフトウェア（一般に組込みソフトウェアと呼ばれる）は，同時並行して設計されているハードウェアと協調して動作するため，そのハードウェアを制御するプログラムも必要になる．これはデバイスドライバと呼ばれ，組込みソフトウェアの開発では必須である．もう 1 つ，通常の一般ソフトウェア開発と大きく異なる点は，ハードウェアと協調動作する必要があるということで，組込みソフトウェアの動作の確認もハードウェアと一緒に行う必要があるということである．動作の確認は，一般にシミュレーションで行うが，その際には，ハードウェア部のシミュレータとソフトウェア部のシミュレータの両方を同時に使って行う必要があり，**コシミュレーション**と呼ばれる．シミュレーションについては 11 章で説明する．

　組込みシステムの設計では，ハードウェア部分とソフトウェア部分が協調して正しく動作するように設計することが最も重要である．そのため，前章までで説明してきたシステムレベル設計支援を効率よく行う必要がある．

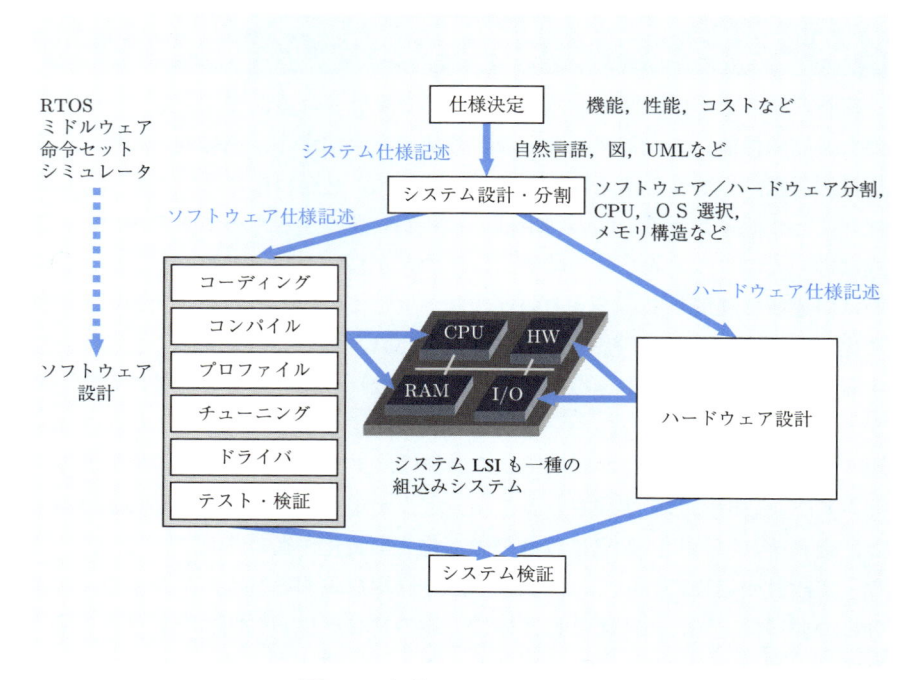

48 第 4 章 組込みプロセッサ用コンパイラ技術

図 4.1 組込みシステムの設計

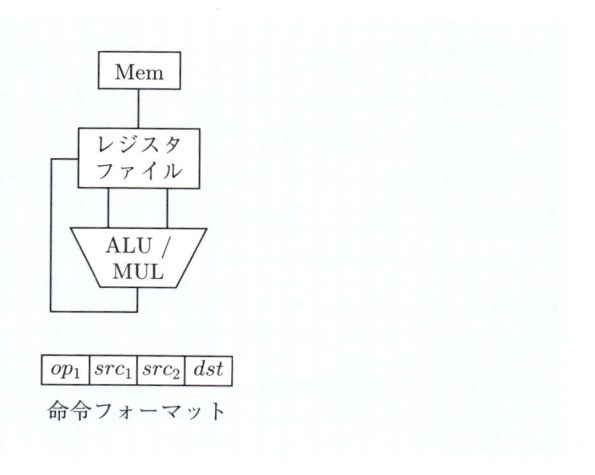

図 4.2 RISC プロセッサの基本構造

4.3 組込みプロセッサのアーキテクチャ例

現在のマイクロプロセッサアーキテクチャの典型例である RISC（Reduced Instruction Set Computer）プロセッサの基本構造を図 4.2 に示す．メモリとのデータのやり取りはプロセッサ内のレジスタファイルとの間のみで行い，算術演算などの計算は，レジスタファイル内のデータ同士で行うようになっている．実際のプロセッサでは，例えば ALU（Arithmetic Logic Unit）などの演算器やレジスタファイルを複数用意したりすることで，図 4.2 の基本構造を様々な観点から拡張している．また，演算の並列性を向上させるため，多数の演算器を用意し，それらの実行を個々に制御できるような命令を持つプロセッサである，**VLIW（Very Long Instruction Word）** プロセッサもよく利用されている．VLIW プロセッサの基本構造を図 4.3 に示す．これらのアーキテクチャは，すべてのレジスタが対等であり，基本的にすべての演算を行えるなど，対称的なアーキテクチャになっている．このため，コンパイラにとって，個々のレジスタを区別する必要がなく，最適なコードを生成し易い構造になっている．結果的に，どのようなプログラムに対しても，実行効率のよいコードをコンパイラが生成できる．

しかし，ハードウェアの使用効率，あるいは，消費電力という立場からは，汎

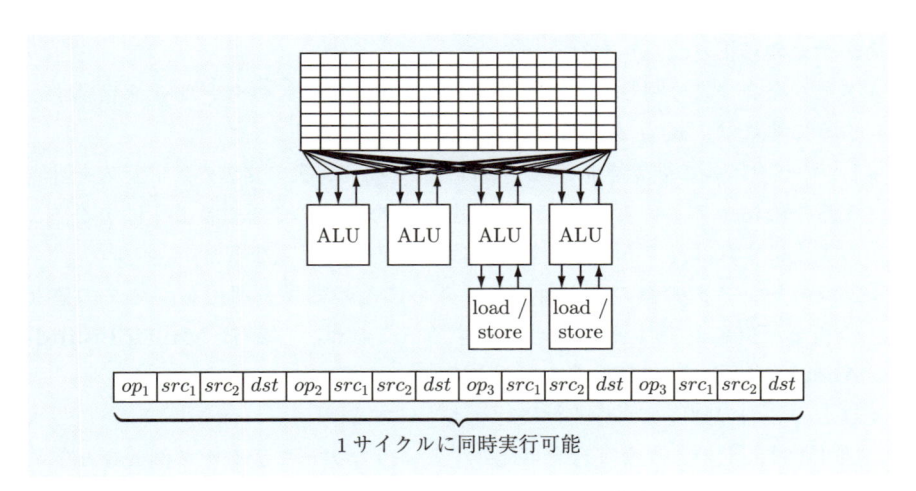

図 4.3 VLIW プロセッサの基本構造

用プロセッサは必ずしも効率的であるとは限らない．特定の用途に対して利用される組込みプロセッサに関しては，利用される用途では必要のうちハードウェアが汎用プロセッサにあったり，逆に特定の用途を実現する上では効率的ではないハードウェアが汎用プロセッサにある場合がある．そのような場合には，不実用なハードウェアは取り去り，不足するハードウェアは追加することになる．そのような設計指針で作られるプロセッサが組込みプロセッサである．

図 4.4 にそのような組込みプロセッサの例として，組込み DSP の基本構造を示す．信号処理では，2 つのベクトルの間の内積を計算することがよく起こる．内積計算は次式を計算することである．

$$内積 = \sum_{k=1}^{n} x_i \cdot y_i$$

この計算を図 4.2 や図 4.3 に示す汎用プロセッサで実行しようとすると多数のサイクルがかかる．1 つの添字 i に対する処理を行うには，変数 x_i と変数 y_i をそれぞれメモリからレジスタにロードしてから乗算と加算を実行する必要がある．また，メモリからレジスタにロードする際には，ベクトルの正しい要素をロードするようにメモリアドレスの計算（前回アクセスしたアドレスの次のアドレス）をしなければならない．これらすべてを実行するには多数のサイクルがかかる．

そこで，ベクトルの内積を特に高速にしたいのであれば，次のようなアーキテクチャの修正（改良）を行う．

- メモリを 2 つに分割して，片方にベクトル x を他方にベクトル y を格納するようにすれば，x, y を同時レジスタにロードできる．
- 1 つのベクトルの要素をレジスタのロードしたら，次の要素のアドレスを計算するために，アドレスレジスタの値を自動的に 1 ずつ増やすようにする．このようにすれば，アドレス計算を毎回行う必要がなくなる．
- 2 つのレジスタの値の積を計算し，さらにその結果を別のレジスタの値との和を一気に計算する命令を追加する（これは，一般に **Multiplu-and-Accumulate**, **MAC 命令**と呼ばれる）．
- 以上の 3 つの動作を同時並行に行うようにする．

図 4.4 は，上のような実行を可能とするようなアーキテクチャ例となっている．X メモリと Y メモリの 2 つのメモリを持ち，それぞれ専用のアドレスレジ

4.3 組込みプロセッサのアーキテクチャ例

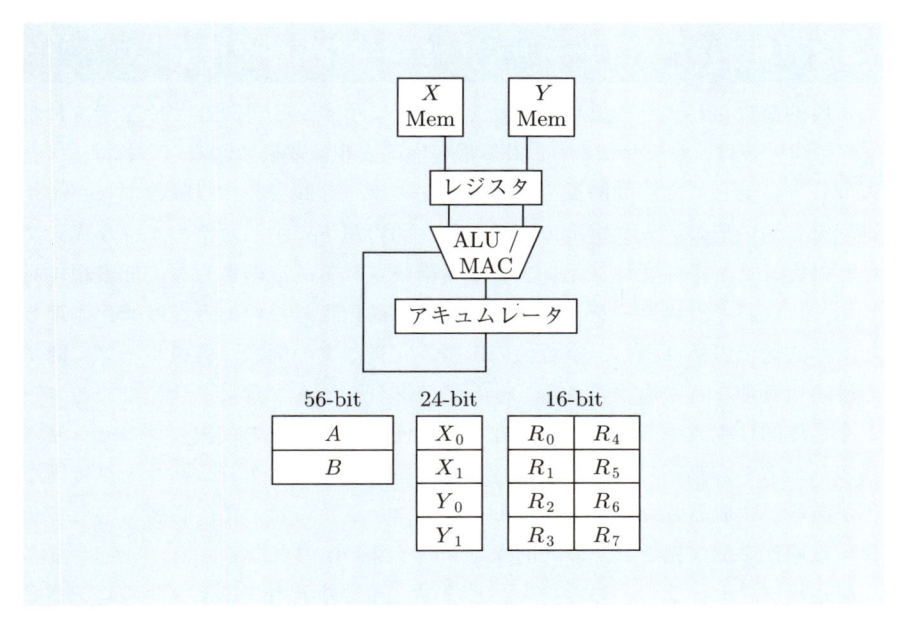

図 4.4 組込み DSP プロセッサの例

スタ X_0, X_1 と Y_0, Y_1 がある．これらのアドレスレジスタ（インデックスレジスタ）は，アクセスされる度に自動的にインクリメント（1 足す）する機能もついている．さらに，乗算の後に続いて加算を行う機能（MAC 演算）が演算器（ALU）に用意してある．さらに，図 4.4 の組込みプロセッサでは，信号処理を行う差異に特に必要となるような 56 ビットのレジスタや演算もハードウェアとして実装されている．このように組込みプロセッサでは，特定の計算が高速化されるような工夫が数多くなされている．一方，あまり使われない演算，例えば浮動小数点演算などは組込みプロセッサではハードウェアとしては実装されていないことも多い．このように用途を明確に意識して，それを効率よく実行できるような工夫を数多く取り入れる形で設計されている．

4.4 組込みプロセッサ向けコード最適化技術

　一般的なコンパイラの処理の流れを図 4.5 に示す．C 言語などで記述されたソースコードは，パーサにより，計算機の内部表現に変換される．これは，ソースコードに対して文法的解析を行い，文法エラーを除去し，以降のコンパイラ処理をし易い形のデータ構造に変換する．図の左下に示した例のような代入文などの実行文と条件文やジャンプ文から構成される．そのような内部表現に対して，コンパイラのターゲットプロセッサには依存しないような最適化処理として，共通項の括り出し，定数値の伝搬，冗長な文の削除，各種ループに関する最適化処理などが適用される．そして，ターゲットプロセッサのためのコードを具体的に生成する．コード生成には，使用する命令の選択，プロセッサ内部のレジスタの割当て，命令を実行する順番を決めるスケジューリング処理などがある．生成されたコード（アセンブリコード）に対して，必要に応じてさらに最適化処理が施され，最終的なコンパイラの出力となる．

　組込みプロセッサのためのコンパイラは，通常の汎用プロセッサのコンパイラと比較して，コード生成部分と生成されたコードの最適化部分が異なる．組込みプロセッサ用コンパイラでは，以下で説明するような特殊なアーキテクチャを有効活用するコードを如何にして生成するかが重要であり，そのためのアルゴリズムが多数研究開発されている．一般に，組込みプロセッサは，特定の計算の高速化を図るためのアーキテクチャとなっているため，コンパイラはそのような計算をプログラム中から検出して，その部分をアーキテクチャに合うように変換する形でコード生成が行われる．したがって，アーキテクチャ上の個々の工夫ごとにコード最適化のための変換プログラムが組込みプロセッサ用のコンパイラには組み込まれている．

　ここで，図 4.6 の上に示すような，簡単なフィルタ処理をコンパイルすることを考える．フィルタ処理とは，図に示すように，一定間隔でサンプリングされたデータを複数時刻にわたって加重平均を計算することに相当する．時刻 n におけるフィルタの計算値 $y(n)$ を式で書くと，

$$y(n) = \sum_{k=0}^{n-1} x(n-k) \cdot h(k)$$

となる．ここで，$x(n)$ は時刻 i におけるサンプルされたデータ値を表し，h は

4.4 組込みプロセッサ向けコード最適化技術

ソースプログラム
```
for (i=0; i<100; i++)
  c += a[i] * b[i];
```

パーサ

内部表現

最適化
・共通項括り出し
・定数の伝播
・冗長部の除去
・ループ最適化

BB_1: $c = 0, i = 0$
goto BB_2

BB_2:
$t_1 = a[i]$
$t_2 = b[i]$
$c[i] = t_1 * t_2$
$i = i + 1$
$p = (i == 100)$
br p, BB_2, BB_3

最適化された IR

コード生成
・命令の選択
・レジスタ割付け
・スケジューリング

アセンブリコード

アセンブリコード最適化

最適化済アセンブリコード

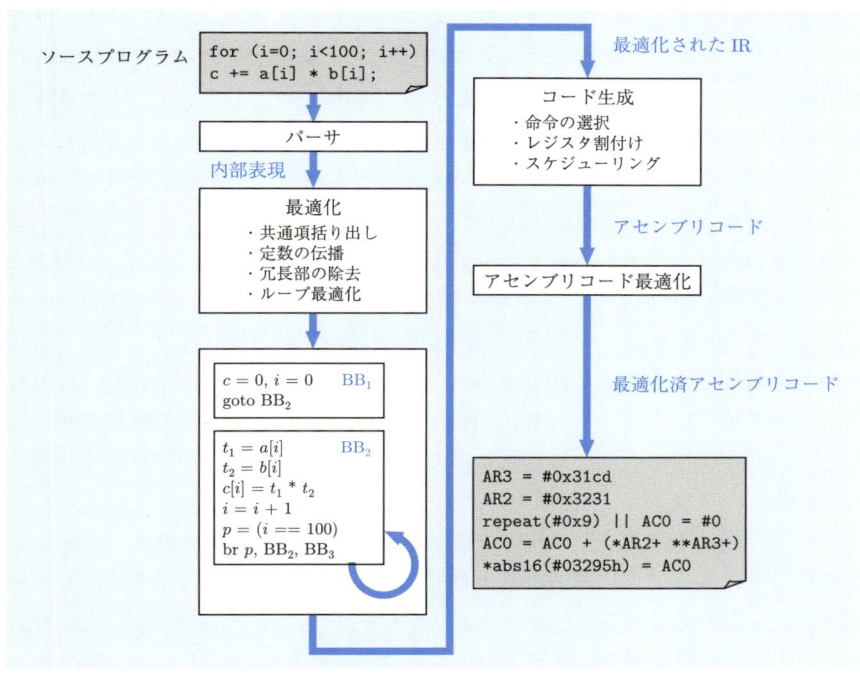

```
AR3 = #0x31cd
AR2 = #0x3231
repeat(#0x9) || AC0 = #0
AC0 = AC0 + (*AR2+ **AR3+)
*abs16(#03295h) = AC0
```

図 4.5 コンパイラの処理の流れ

$$y(n)=\sum_{k=0}^{N-1}x(n-k)\cdot h(k) \quad \text{(デジタルフィルタの代表例)}$$

サンプル周期
$T=10\mu s$

$x(n)$ → FIR フィルタ処理 → $y(n)$

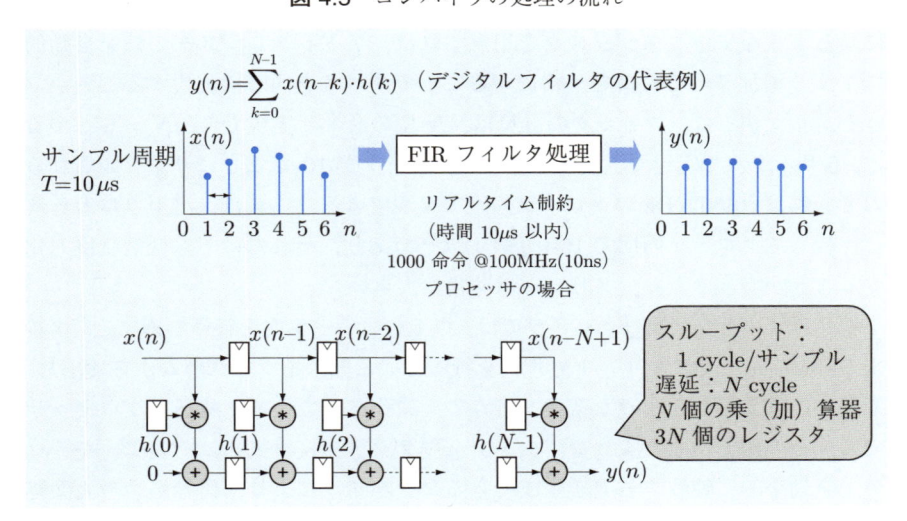

リアルタイム制約
（時間 $10\mu s$ 以内）
1000 命令 @100MHz(10ns)
プロセッサの場合

スループット：
　1 cycle/サンプル
遅延：N cycle
N 個の乗（加）算器
$3N$ 個のレジスタ

図 4.6 典型的な信号処理：フィルタ

加重平均を計算する際の重みに対応した定数である．フィルタ処理はデータをサンプルしながら計算を行っていくため，サンプルされたデータに間に合う形で計算を行う必要がある．図に示すように N の値を仮に 6 として，上の式を通常の汎用プロセッサに対してコンパイルを行うと約 1000 命令からなるアセンブラコードが得られる．仮にデータが $10\,\mu s$ ごとに来るとすると，プロセッサのクロック周期は $10\,ns$ つまり，$100\,MHz$ のクロックで動作する必要がある．

次に上の式をそのままハードウェア化すると，図 4.6 の下のような N 個の乗算器と加算器，$3N$ 個のレジスタからなるハードウェアとなる．このようなハードウェアを実装すれば，パイプライン処理が可能となるため，1 サイクルごとにデータを処理できるため，$10\,\mu s$ ごとにサンプルされるデータを処理するには，それと同じ速度のクロック（$100\,KHz$）でよい．しかし，多数の乗算器が必要となり，回路面積は大きなものとなるため，このような実装が許されない場合も多い．

しかし，図 4.4 のプロセッサアーキテクチャでの実行を考えると，フィルタ処理の計算は基本的に内積の計算と同じであるため，図 4.7 に示すようなアセンブリコードで実行することができる．x, k を 2 つのメモリに格納しておけば，それらの間の内積を計算すればよい．さらに，繰り返し回数は N 回と固定なので，固定回数を繰り返すような命令や，メモリアクセスの際に，N 回ごとに 0 に戻るようなアドレスレジスタを用意すれば，アドレスレジスタの値を自動的に 1 ずつ増加させる機構を一緒にすることですべてを同時に実現することができる．したがって，フィルタの計算は，N 個の命令で実現でき，$N = 6$ とすると，6 サイクルで実行できることになる．データが $10\,\mu s$ ごとにサンプルされるのであれば，$600\,KHz$ のクロック速度で実現できる．これは，汎用プロセッサと比較してクロック周期で 150 分の 1 以下であり，それだけでも低消費電力化することができるため，メリットは非常に大きい．

組込みプロセッサ用コンパイラでは，以上のコード生成を行うために，まず特定の計算（ここではフィルタ処理）を行っている部分をプログラムから検出し，それにここで示したような変換を行うように作られている．組込みプロセッサでは，この例で示したような工夫をアーキテクチャに導入し，そのアーキテクチャを効果的に使うコードを生成できるコンパイラにより，信号処理や画像処理など特定用途に対して，極めて効率よく実行できるようになっている．

4.4 組込みプロセッサ向けコード最適化技術

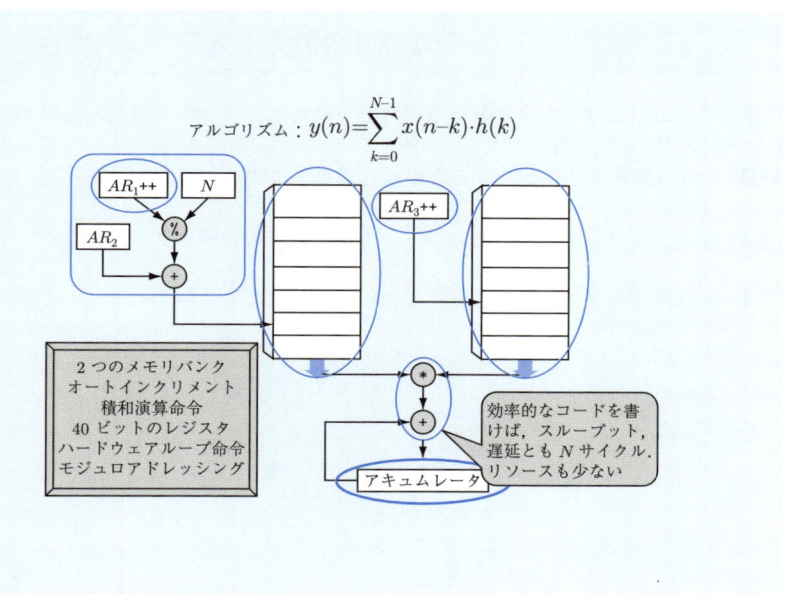

アルゴリズム：$y(n)=\sum_{k=0}^{N-1}x(n-k)\cdot h(k)$

- 2つのメモリバンク
- オートインクリメント
- 積和演算命令
- 40ビットのレジスタ
- ハードウェアループ命令
- モジュロアドレッシング

効率的なコードを書けば，スループット，遅延ともNサイクル．リソースも少ない

図4.7　フィルタ処理に対する最適化コード

4章の問題

☐ **1** 組込み用のプロセッサと汎用プロセッサの違いについて簡潔に説明せよ．

☐ **2** MAC演算について，その有用性も含めて説明せよ．

☐ **3** 組込み用プロセッサのためのコード最適化技術の例を2つ挙げよ．

☐ **4** 組込みシステムにおけるリアルタイム制約について説明せよ．

5 論理関数処理技術

　VLSI は論理回路から構成されている．論理回路は論理関数を実現するものであり，論理関数を解析することで論理回路を自動生成したり，設計した論理回路が正しいか否かを検証することができる．したがって，論理関数の計算機上の処理技術が VLSI 設計における中心的技術であると言える．本章では，この計算機上での論理関数処理に関する 2 つの主要な技術として，2 分決定グラフに関する技術と，論理式の充足可能性判定問題（SAT 問題）を解くアルゴリズムである SAT 手法関連技術について解説する．両技術とも VLSI 設計支援ツールの中で広く利用されているものであり，電子回路設計用 CAD 技術の基盤となるものである．

> **5 章で学ぶ概念・キーワード**
> - 2 分決定グラフ
> - 充足可能性判定問題（SAT）
> - SAT アルゴリズム

5.1 2分決定グラフ

任意の論理関数は真理値表を用いて定義できる．真理値表は変数の値のすべての組合せに対する論理関数の値を指定するので，n 変数の場合，2^n 個の値からなる．これを n 個の変数の場合分けをした木構造で表現したものは，2分決定木と呼ばれ，例えば $X_1 \cdot X_2 \vee X_3$ の場合（X_1 AND X_2 OR X_3 の意味）には，図 5.1 の左のように 2 分決定木で表現できる．図では，変数ノードから出ている左エッジはその変数が 0 の場合を示し，右エッジは 1 の場合を示しているとする．変数の場合分け順は，2 分決定木一般に対しては，場合分けのパスごとに異なる変数順になっても構わないが，ここでは，場合分けの変数の順番をいつも X_1, X_2, X_3 という順に固定している．このように場合分けの変数順を固定すると，2 分決定木において，グラフとして同形の部分木が複数現れる．例えば，図 5.1 の左では，変数 X_3 ノードの 0 エッジが定数 0 を指し，1 エッジが定数 1 を指している部分木が 3 回現れている．これらは同形なので，明らかに 1 つにまとめることができ，結果的に図の中央のグラフになる．ここで，0 エッジも 1 エッジも同じノードを指している変数ノードは，その変数値によらず同じ値となることを示しているので，冗長であり，削除できる．すると結果的に図の右のようなグラフが得られ，それを **2 分決定グラフ**（**Binary Decision Diagram, BDD**）と呼ぶ．

BDD は重要な性質を持っている．まず，BDD は論理関数に対する正規形表現となっている．利用する変数順を同じにして，等価な論理式（あるいは論理回路）から BDD を作成すると，生成されるグラフは必ず同形になる．つまり，論理式や論理回路の等価性判定がグラフの同形判定で行えるということであり，BDD を VLSI 設計用 CAD 技術に応用する上で，最も重要な性質である．またもう 1 つの重要な事実は，VLSI 設計でよく現れる論理関数に対する BDD は，実用的に処理可能な規模に収まることが多いということである．例えば，ほとんどの制御回路や加算や減算などに対する BDD の大きさは，変数の数に対して多項式オーダで収まる．しかし，例外もあり，例えば乗算器に対しては，BDD は変数の数に対して指数的に増大する．BDD を扱うプログラムは多数開発されており，ノード数が 100 万以上でも扱えるようになっている．

図 5.1 では，BDD を 2 分決定木，言い換えると真理値表から生成した．しか

5.1 2分決定グラフ

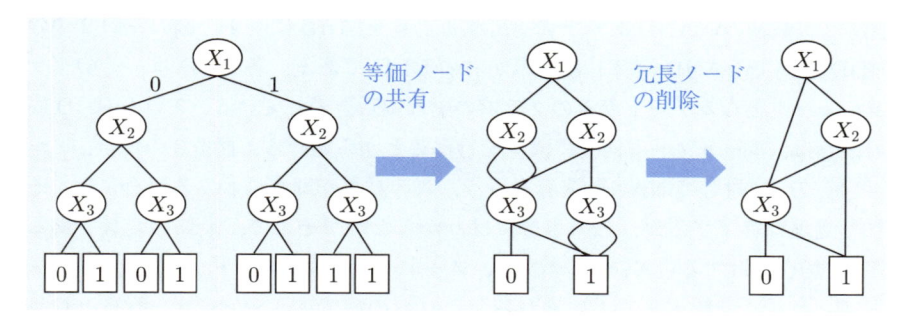

図 5.1 2分決定木から BDD の生成

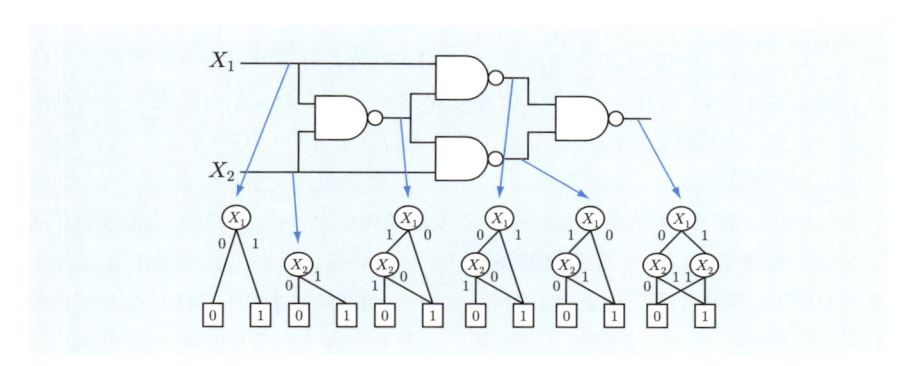

（等価ノードの共有 → 冗長ノードの削除）

図 5.2 回路から BDD の生成

し，2分決定木は，変数の数に対して指数的に増大するので，この方法では，大規模な論理関数に対するBDDを生成できないことになってしまう．そこで，論理回路からそれに対応するBDDを生成する場合には，回路の入力から出力へ順番に個々の信号に対するBDDを計算していく．図5.2に4つのNANDゲートから構成された排他的論理和（Exclusive-OR, EXOR）の計算を行う回路について，BDDを順次計算したものを示す．まず，入力変数 X_1, X_2 に対するBDDを作る．これは，1変数の関数なので，その変数のノードを作り，0エッジを定数0へ，1エッジを定数1へ繋げればよい．次に，X_1, X_2 を入力するNANDゲートの出力に対応するBDDを作成する．これには，2つのBDD間でNAND演算を計算することで行う．以下，順に回路の接続にしたがって，BDD間で演算を行いながら，順次計算していく．

2つのBDDの間の演算は，2つのグラフを順に辿っていくことで実現できる．

図 5.2 の最後の NAND ゲートに対応する計算を図 5.3 に示す．図の左の 2 つの BDD の間で NAND 演算したものが右の BDD である．各 BDD は，そのグラフのルートとなるノードがそのグラフの論理関数を表している．2 つの BDD 間の演算は，ルートノード同士に演算を行うことから始める．図 5.3 の場合，ノード A_1, B_1 に対して NAND 演算を行う．この結果が即座にわかる場合には，それで処理は終了するが，この場合にはわからない．そこで，最初の変数である X_1 で場合分けする．X_1 が 0 の場合，ノード A_1 からはノード A_2 に辿り，ノード B_1 からは定数ノード 1 に辿れる．これらの間で NAND 演算を行うと結果は，ノード A_2 の否定となる．同様に X_1 が 1 の場合も辿ることでノード A_1 の否定となる．次に，変数 X_2 で場合分けすることにより，図の右のような BDD が得られる．この BDD 間の演算は，**apply 処理**と呼ばれており，その手間は演算を施す 2 つの BDD の大きさの積に比例する．この apply 処理を順次適用することで，大規模回路に対しても，順次 BDD を計算していくことができる．

　BDD を利用する上で重要な点として，その変数順決定をどのように行うかがある．一般に BDD の大きさは利用する変数順に依存する．BDD は変数順が同一なら，論理関数に対する**正規形表現**になっている．しかし，変数順が変化すると BDD も変化する．例えば，図 5.4 に示す回路に対する BDD について，最もグラフが小さくなる変数順（最適順）と最も大きくなる変数順（最悪順）でグラフを作ったものを示す．同じ論理回路（つまり，同じ論理関数）に対する BDD でも，変数順によって大きさが大きく変化することがわかる．

　BDD が最小となる変数順を見つける問題は，NP 完全であることが証明されている．そのため，最適変数順を利用できるのは限られた場合であり，実用上十分よい変数順を発見的に見つける必要がある．BDD のためのよい変数順を与えられた論理回路のトポロジーから決定する手法が種々提案されている．その基本は，図 5.5 に示すような回路図が与えられた場合，回路の出力から入力へ向かって深さ優先で回路を辿っていく．その際，辿り着いた入力変数順を BDD の変数順とする手法である．これは，図 5.4 の回路に対しては最適な変数順が得られる．これを基本として，多数の改良された手法が提案されている．例えば，図 5.5 にも示すように，深さ優先で辿る時にファンアウトが多い方の信号を優先して辿るとよりよい変数順が見つかることが多い．このような性質を組み合わせた手法が提案されている．

5.1 2分決定グラフ

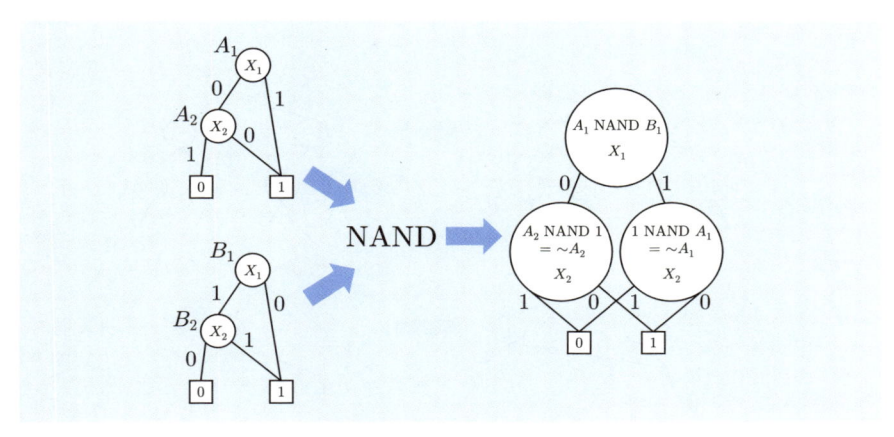

図 5.3　BDD に対する apply 処理例

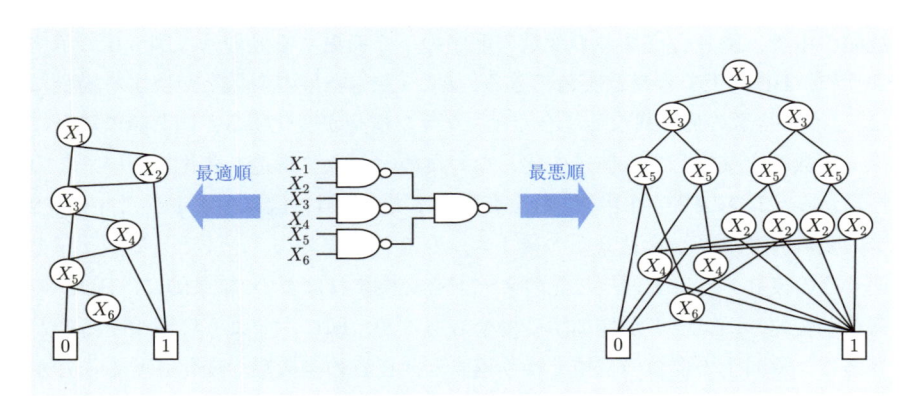

図 5.4　BDD の大きさは変数順によって大きく変化する

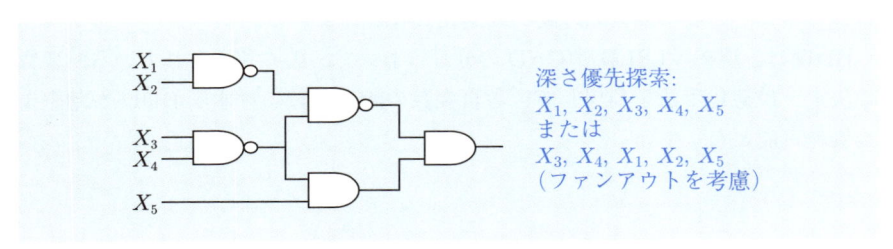

深さ優先探索:
X_1, X_2, X_3, X_4, X_5
または
X_3, X_4, X_1, X_2, X_5
(ファンアウトを考慮)

図 5.5　回路から変数順の決定手法

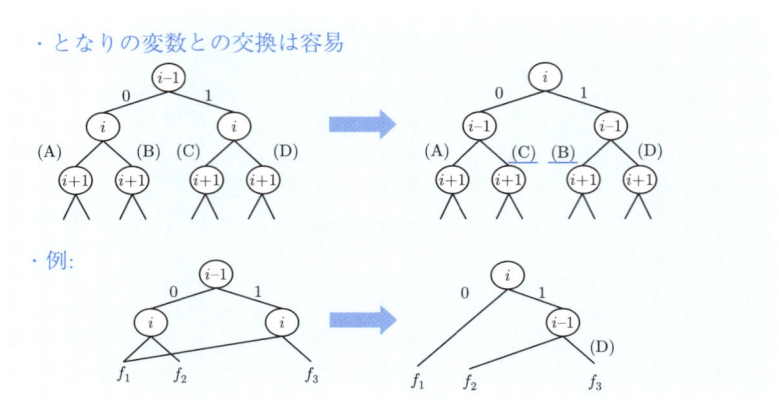

図 5.6 BDD における変数順の動的な改良法

　また，一度 BDD を作成してから変数順を改良する手法も使われている．変数順の中で，隣り合う 2 つの変数の順序のみを変更する処理は，図 5.6 に示すように，BDD 上で容易に実装できる．i と $i-1$ 番目の変数を交換する場合には，2 つの変数の値が異なる場合だけ，グラフ構造が変化する．同じ値の場合には，変数順を交換しても値は変化しないため，グラフ構造も変化しない．この性質から，2 つの隣り同士の変数を交換する場合には，図に示すように，その 2 つの変数の 0 エッジを辿りその後 1 エッジを辿った先のノードと，1 エッジを辿りその後 0 エッジを辿った先のノードを交換すればよい．結果的に，BDD の構造が変化し，ノードが増加する場合もあるが，図に示すように減少することもある．隣同士の変数の交換を繰り返すと，任意の変数順へ変化させることができるため，BDD を作成してから変数順を最適化することができる．隣同士の交換を繰り返すことで，変数順を最適化する手法も種々提案され，実際に利用されており，一般に変数順の動的最適化と呼ばれている．

　BDD は，現在 VLSI 設計 CAD の分野において，広く利用されている．変数順決定・最適化手法を利用して，数百変数の論理関数に対する BDD が効率よく処理可能となっている．

5.2 SAT 技術

充足可能性判定（boolean satisfiability; 通称 **SAT**）問題とは，与えられた論理関数に対して，その値を1にする（論理関数を充足する）ような入力変数の割当てが存在するかどうかを判定する問題である．

SATを解くツールをSATソルバといい，本章では，このSATソルバで利用されているアルゴリズムとして，最も代表的な Davis–Putnam–Logemann–Loveland（DPLL，あるいは DLL）アルゴリズムを基に，近年のめざましい進歩を中心に解説する．2000年くらいから，米国プリンストン大 Lintao Zhang らによる Chaff と呼ばれるSATソルバが開発され，ソースが公開されていることから，広く，改良・利用されるようになり，扱える論理式の規模が飛躍的に拡大した．結果として，形式的検証などに応用した場合に，実用規模のハードウェア設計や，プログラムが扱えるようになってきている．また，SATソルバの技術を競うワークショップも毎年開催され，ベンチマーク結果では，毎年目を見張る性能改善が連続して実現している．数百万変数からなる論理式の充足可能性も数時間で判定できるまでになっている．図 5.7 にSATソルバの現在までの性能向上の様子を示す．図の横軸は，年を表し，また縦軸は典型的な例題の場合に，いくつの変数を持つ論理式の充足可能性判定ができるか（解を1つ見つけるか，解が存在しないことを証明する）を表している．当初数十変数しか扱えなかったものが，2000年くらいで大きな進歩があり，現在では，数百万変数までも扱えるようになってきていることがわかる．これを受け，SAT技術をハードウェア設計支援技術に応用する研究が極めて活発に行われている．特に，検証分野では，従来では考えられなかった規模のハードウェアの検証が可能となってきている．また，ソフトウェアの検証では，Linux のカーネルコードのモデルチェッキングに成功した例も報告されている．本章では，SATアルゴリズムとその形式的検証への応用について，最近の動向を中心に解説していく．

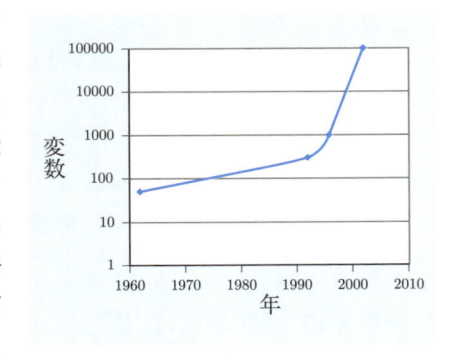

図 5.7 SAT ソルバの性能

5.3 SAT 問題

SAT とは，変数 x を入力とする論理関数 $f(x)$ が与えられたとき，$f(x) = 1$ となる（論理関数 f を充足する）x が存在するかどうかを判定する問題であり，x が存在する場合はその x を求め，そうでない場合はそのような x が存在しないことを証明する．

SAT は，通常以下のような和積標準形（Conjunctive Normal Form, CNF）に定式化する．

$$L_i = \{V_p, \overline{V_p}\} \tag{5.1}$$

$$C_j = (L_{j1} \vee L_{j2} \vee \cdots \vee L_{jm_j}) \tag{5.2}$$

$$C_1 \cdot C_2 \cdot \cdots \cdot C_n = 1 \tag{5.3}$$

ここで，$V_p \in \boldsymbol{V}$ は変数（variable），$\overline{V}$ は V の否定，$\cdot$ は論理積，$\vee$ は論理和である．L_i は変数 V_p の肯定もしくは否定のいずれかであり，リテラル（literal）と呼ぶ．C_n は 1 つもしくは複数のリテラルの論理和をとったものであり，クローズ（clause）と呼ぶ．CNF は，1 つもしくは複数のクローズの論理積で表される．

CNF は，慣習的に，論理積の $\cdot$ を省略して表記することがある．例えば，$(a \vee b)(\overline{a} \vee \overline{b})$ は，$(a \vee b) \wedge (\overline{a} \vee \overline{b})$ を意味する．この式は，$(a = 1, b = 0)$ もしくは $(a = 0, b = 1)$ のときに 1 になるため，この SAT は充足可能（satisfiable）であるという．

一方，$(a \vee b)(\overline{a} \vee b)(\overline{b})$ は，変数に対してどのような値を割り当てても値を 1 にすることができないため，充足不能（unsatisfiable）であるという．

1 つの節の中に，最大 k 個のリテラルを含む（$k = \max m_j$）とき，この SAT は k–SAT と呼ばれる．$k \geqq 3$ のとき，SAT は NP 完全になることが知られており，SAT を解くための計算量は，変数・節の数に対して指数関数的に増大する．なお，$k \geqq 4$ の SAT は，中間変数を導入することにより 3–SAT に帰着できる．

■ 基本 SAT アルゴリズム ■

最近の SAT ソルバは，多くの場合，DPLL アルゴリズムに基づいているため，本章では，DPLL アルゴリズムとその改良技術について説明していく．DPLL

5.3 SAT 問題

```
sat-solve()
  if preprocess() = CONFLICT then
    return UNSAT;
  while TRUE do
    if not decide-next-branch() then
      return SAT;
    while deduce() = CONFLICT do
      blevel <- analyze-conflict();
      if blevel = 0 then
        return UNSAT;
      backtrack (blevel);
    done;
  done;
```

図 5.8 DPLL アルゴリズム

アルゴリズムは，基本的に場合分けとバックトラックを組み合わせながら，効率的な全解空間探索を行うもので，その処理が終了する場合には，解が存在する場合は必ず見つけ，また，解が存在しない場合はそれを証明できる．基本的な DPLL アルゴリズムを図 5.8 に示す．

まず，プリプロセスにより，自明に充足不可能な場合などを検出する．処理の基本ループでは，まず，従来選んでいない変数を場合分け変数として選び，値を決定する．もし，もはやそのような変数が残っていない場合には，解が見つかったことになるため，充足可能とする．場合分けの変数がある場合には，それの値を決め，その値の決定を利用して論理式を簡単化する．これは，一般に**ブール制約伝播（Boolean Constraint Propagation, BCP）**と呼ばれる処理であり，適用できる限り，再帰的に適用し，論理式を簡単化していく．

図 5.9 に BCP を適用した例を示す．最初の式では，クローズとして，リテラルが 1 つである a があるため，変数 a は必ず 1 である必要があり，まず，変数 a を定数 1 に置き換える簡単化を行う（これで，2 番目の式になる）．すると今度は，変数 c だけのクローズが現れるので，変数 c を定数 1 に置き換える簡単化を行う（3 番目の式になる）．すると今度は，変数 e だけを含むクローズが現れるので，変数 e を定数 1 に置き換える簡単化を行うことになる．そうすると，

一番下の式ではすべてのクローズが成立することがわかるので，元の論理式は充足可能であることがわかる．このように BCP は再帰的に適用可能となることが多い．実際，SAT ソルバにおいては，全処理時間の 80%程度をこの BCP の処理に費やしている．上記の例では，BCP で充足可能とわかる場合であったが，逆にあるクローズが充足不可能（満たすには，定数値と逆の値が必要となるクローズが存在するなど）であることが検出できることもある．

BCP 処理で充足可能・不可能の結論が出ない場合には，変数値による場合分けを続けていく．この BCP の処理には，通常，インプリケーショングラフ（implication graph）と呼ばれるものを作成しながら，効率よく定数とすべき変数を求めていく．

図 5.10 に場合分けの実行例を示す．今，図に示すような CNF 式の充足可能性を判定するとする．図の中央に示すように，場合分けとして，変数 a, b, c がすべて 0 の場合を解析しているとする．すると，a と c が 0 であることと，クローズ $(a \vee c \vee d)$ と $(a \vee c \vee \bar{d})$ から，それぞれ，変数 d の値が，1 であり，かつ 0 でなければいけないことがわかる．つまり，矛盾が生じている．この解析は，図の左に示すインプリケーショングラフを利用して行っている．グラフのノードは変数値の割当てであり，エッジは因果関係を表現している．これは，CNF 式内のクローズから求まる必要条件となっている．このようにインプリケーショングラフを随時構築することにより，効率的に変数の値の決定を行い，充足可能な場合や矛盾を起こす場合を検出していくことができる．

一方，矛盾が検出された場合には，変数値の場合分け処理をバックトラックし，異なる場合分けを試していく．すべての場合を調べても解が見つからない場合には，与えられた論理式は充足不可能であるとする．図 5.10 の処理を続けていくと，図 5.11 に示すように，最終的にこの例題では充足可能と判定される．

■ SAT アルゴリズムの改良 ■

元の DPLL アルゴリズムでは，バックトラックは，辞書式順序で場合分けの変数を順に値を変えて処理していたが，最近のアルゴリズムでは，矛盾が生じた原因を解析し（analyze-conflict），その結果に応じて，どこまで一度にバックトラックすべきかを決定している．これは，非辞書式バックトラックと呼ばれるもので，GRASP と呼ばれる SAT ソルバで提案された．また，GRASP では，

5.3 SAT 問題

$$a(\bar{a} \vee c)(\bar{b} \vee c)(a \vee b \vee \bar{c})(\bar{c} \vee e)(\bar{d} \vee e)(c \vee d \vee \bar{e})$$

⬇

$$c(\bar{b} \vee c)(\bar{c} \vee e)(\bar{d} \vee e)(c \vee d \vee \bar{e})$$

⬇

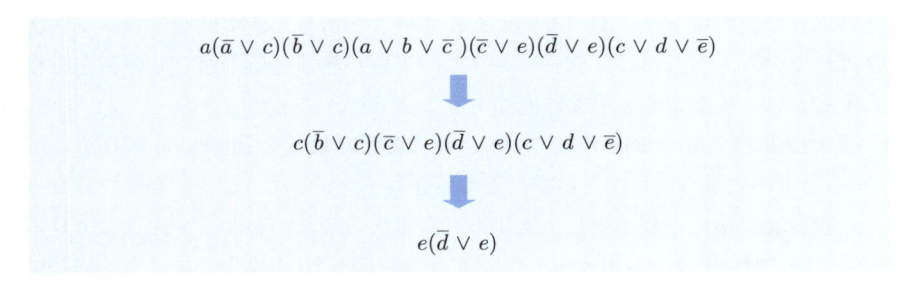

$$e(\bar{d} \vee e)$$

図 5.9 BCP の再帰的な適用例

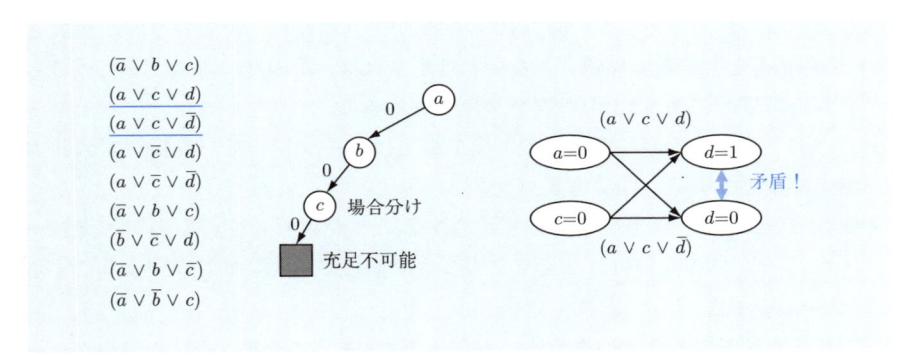

図 5.10 DPLL アルゴリズムの実行例：場合分け

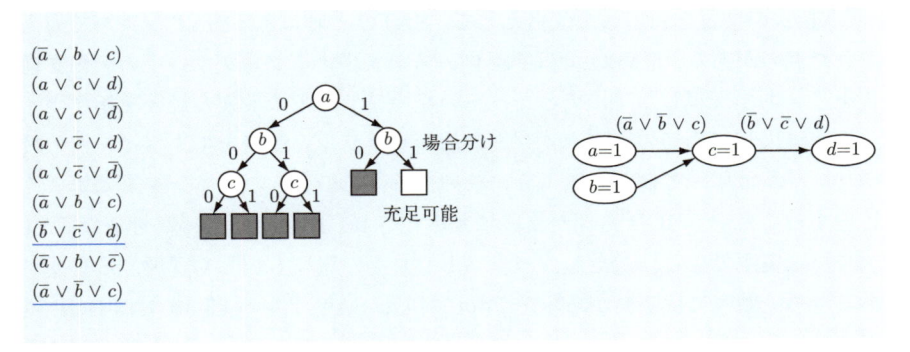

図 5.11 解を見つけた例

ラーニングについても提案されている．一般に，矛盾解析の結果，変数の値の決め方により，他の変数の与え方によらず，必ず矛盾になることがわかる場合がある．そのような場合には，矛盾の起こる値の組合せを記憶しておき，以降，

そのような値の組合せを調べないようにすべきであり，衝突回避ラーニングと呼ばれている．実際には，ラーニングは，矛盾が起きる値の組合せの否定を相当するクローズを元の論理式に追加することで行うことができる．

図 5.12 に図 5.10 と同じ例について，順次変数の割当てを進め，$a = 0, b = 1, c = 0$ となった場合の状況を示す．この場合もインプリケーショングラフによって，変数 d の値に矛盾が生じ，充足不可能であることがわかる．注意して見ると，これに対するインプリケーショングラフは図 5.10 の場合とまったく同じであることがわかる．つまり，b の値は異なるが，それ以外は図 5.10 と図 5.12 は同じである．言い換えると，図 5.10 の状況が生じた際に，矛盾の原因が変数 a, c にのみ依存し，変数 b に依存しないと理解すれば，次の 2 つのことを行うことができ，結果的に図 5.12 の処理をスキップできる．

- バックトラックの際に変数 b の割当て変更はスキップして，直接，変数 a の割当て変更へ戻る（非辞書式バックトラック）．
- 変数 a, c が共に 0 となると必ず矛盾することが判明しているので，クローズ (ac) を全体の式に付け加えてこのような割当てを決してしないようにする（ラーニング）．

これらの処理により，SAT ソルバが扱える CNF 式の規模（変数の数やクローズの数）は飛躍的に増大した．

CNF 式の性質を利用した改良として，SATO と呼ばれる SAT ソルバで導入されたものがある．SATO では，クローズを表現するプログラム上のデータ構造をリストで表現した時に偽となっていないリテラルの最初と最後を指すポインタを導入し，最初の指すポインタの前のリテラルと最後を指すポインタの後のリテラルはすべて偽となるように管理する．このようなポインタを効率よく管理することで，BCP 処理が格段に効率化され，結果として，高性能な SAT ソルバを実現できる．ただし，バックトラックの際にも正しく管理する必要があるため，効率には限界がある．これに対し，SAT ソルバ Chaff では BCP 処理を効率化するために，two literal watching with lazy update と呼ばれる手法が導入されている．これは，2 つ以上のリテラルが残っているクローズは，ある変数の値が決まってもそれだけでは直ちに真となることはないという事実に着目し，値の決定していないリテラルの数が 2 個以上か以下かを中心にクローズの管理を行う．このようにしても，BCP 処理は SATO での手法と同様に効

5.3 SAT 問題

$(\bar{a} \lor b \lor c)$
$(a \lor c \lor d)$
$(a \lor c \lor \bar{d})$
$(a \lor \bar{c} \lor d)$
$(a \lor \bar{c} \lor \bar{d})$
$(\bar{a} \lor b \lor c)$
$(\bar{b} \lor \bar{c} \lor d)$
$(\bar{a} \lor b \lor \bar{c})$
$(\bar{a} \lor \bar{b} \lor c)$

場合分け

充足不可能

$(a \lor c \lor d)$
$a=0$ $d=1$
矛盾！
$c=0$ $d=0$
$(a \lor c \lor \bar{d})$

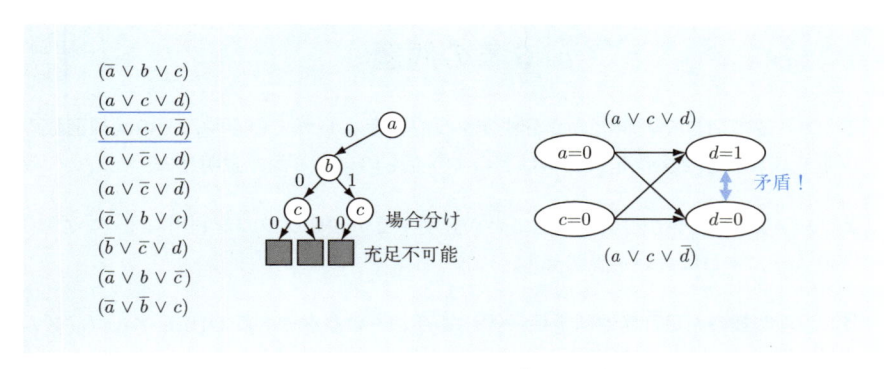

図 5.12 DPLL アルゴリズムの実行例 3

率化される．一方，バックトラック時のポインタの管理は SATO より格段に楽になる．結果として，実際のベンチマーク結果では，当初誰もが驚くほどの結果を示した．Chaff では，場合分けの変数順の決定手法でも新しい提案を行っている．また，BerkMin と呼ばれる SAT ソルバでは，それらの手法がさらに発展されている．これらの手法では，場合分けの変数順を決定する際に，今までの処理で矛盾を発生させたクローズ（図 5.10 のクローズ $(a \lor c \lor d)$ とクローズ $(a \lor c \lor \bar{d})$ など）に現れる変数を中心に決定するものであり，SAT ソルバの性能向上に大きく貢献している．現在もこれらの SAT ソルバの改良は引き続き活発に行われており，SAT ソルバを競うワークショップも毎年開催され，その性能も毎年大きく改善することが続いている．なお，Chaff などの SAT ソルバの多くは，パブリックドメインツールとしてウェブなどに公開されている．その利用の仕方については，例えば，文献 [4] などを参照されたい．Chaff を自分自身で改良して大きな性能向上を達成している研究者や技術者も多い．

なお，ツールによっては，CNF 式ではなく，例えば論理回路表現をそのまま受け付けるようになっているものもある．また，形式的検証などに応用すると，クローズの集合が順次増大していくような問題を次々に解く必要がある場合も多い．このような問題に合わせて，以前の問題の経過を記憶して，次の問題でも利用するインクリメンタルな SAT ソルバも開発されている．また，SAT 手法と関係が深い，製造故障検出のためのパターン生成を行う ATPG 手法を SAT 問題に適用する研究も行われており，また 13 章で述べるモデルチェッキングへも応用されている．

5章の問題

☐ **1** ある論理関数を表現する2分決定グラフが与えられている時，その論理関数の否定を表現する2分決定グラフはどのようなものになるか，説明せよ．

☐ **2** 2つの論理関数が等価であることの証明を2分決定グラフを利用して行いたい．どのようにすればよいか説明せよ．

☐ **3** 論理関数の充足可能性判定手法（SAT手法）の基本であるDPLLアルゴリズムについて，例を用いて説明せよ．

☐ **4** SAT手法は2000年以降，急速に進歩している．最近のSAT手法について，基本となるDPLLアルゴリズムと異なる点，あるいは拡張された点について，2点説明せよ．

6 レジスタ転送レベル設計

　各クロックサイクルにおいて，どの値を使ってどのような計算をし，それをどこへ格納するかがすべて決定している設計段階のことをレジスタ転送レベル（**RTL**）と呼ぶ．本章では，レジスタ転送レベル設計の有限状態遷移機械を用いた表現法や，レジスタ転送レベルの設計記述は，制御部とデータパス部から構成できることを説明する．

---

6 章で学ぶ概念・キーワード
- 有限状態機械（FSM）
- 制御部
- データパス

6.1 有限状態機械

　VLSI を構成する回路のほとんどの部分は，同期式順序回路（以降，同期回路と呼ぶ）が使われている．同期回路では，フリップフロップなど回路中の記憶素子が値を更新するタイミングがクロックで規定される．通常，記憶素子の更新はクロックの立上り，または立下りに応じて行われる．レジスタ転送レベル（RTL）とは，このクロック信号ごとの動作を記述するもので，設計対象の動作を完全に規定できる設計記述であると言える．RTL 記述は，一般に状態遷移の形式で行われる場合が多い．つまり，各クロックごと（各時刻ごと）の動作でレジスタの値の更新をどのように行うかを指定する形で記述する．

　ハードウェアで実現できる状態遷移は，状態数が有限の場合であり，一般に**有限状態機械（FSM）**と呼ばれる．FSM の例として，図 6.1 の回路を考える．1 入力，1 出力の回路であり，各クロックごとに入力信号が入ってくる．入力が 0 であった次の時刻の入力が 1 であった場合に，その次の時刻に出力を 1 サイクルだけ 1 にするという仕様であるとする．

　図 6.1 の仕様に基づいた FSM による設計を図 6.2 に示す．状態遷移図と状態遷移表の形で表現されているが，どちらも同じ状態遷移が記述されている．1 つ前の時刻の入力が 0 であった状態 ZERO，2 つ前の時刻の入力が 0 で 1 つ前の時刻の入力が 1 と変化した状態の CHANGE，1 つ前の時刻の入力が 1 であった状態 ONE の 3 つの状態がある．状態 CHANGE では，仕様を満たすため，出力が 1 になり，その他の状態では出力は 0 となっている．つまり，出力値は状態にのみ依存し，入力値には直接依存しないような表現となっている．このような FSM はムーア（Moore）型の FSM と呼ばれる．状態遷移表では，各状態に対して，フリップフロップの値が割り当てられている．3 状態あるため，2 つのフリップフロップを使い，状態 ZERO には 00，状態 CHANGE には 01，そして状態 ONE には状態 11 が割り当てられている．PS が現在の状態，NS が次の状態を表している．この状態割当てのもとに，次の 2 つのフリップフロップの値である NS_1, NS_2 の値を現在の 2 つのフリップフロップの値 PS_1, PS_2 の値と現在の入力値 IN の論理関数として表現すると，図 6.3 に示すようなカルノーマップが得られ，それを論理回路に直すと図のようになる．カルノーマップとは，真理値表と等価であり，例えば図に示す 3 変数の場合，縦に 1 変数，横

6.1 有限状態機械

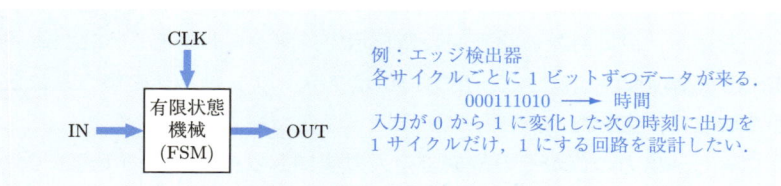

例：エッジ検出器
各サイクルごとに 1 ビットずつデータが来る．
000111010 ⟶ 時間
入力が 0 から 1 に変化した次の時刻に出力を
1 サイクルだけ，1 にする回路を設計したい．

図 6.1 FSM の例

	IN	PS	NS	OUT
ZERO {	0	00	00	0
	1	00	01	0
CHANGE {	0	01	00	1
	1	01	11	1
ONE {	0	11	00	0
	1	11	11	0

解 1: 出力が現在の状態にのみ依存する

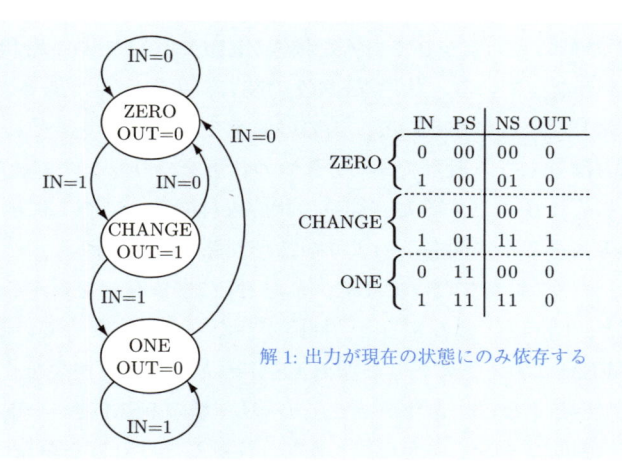

図 6.2 図 6.1 の解 1

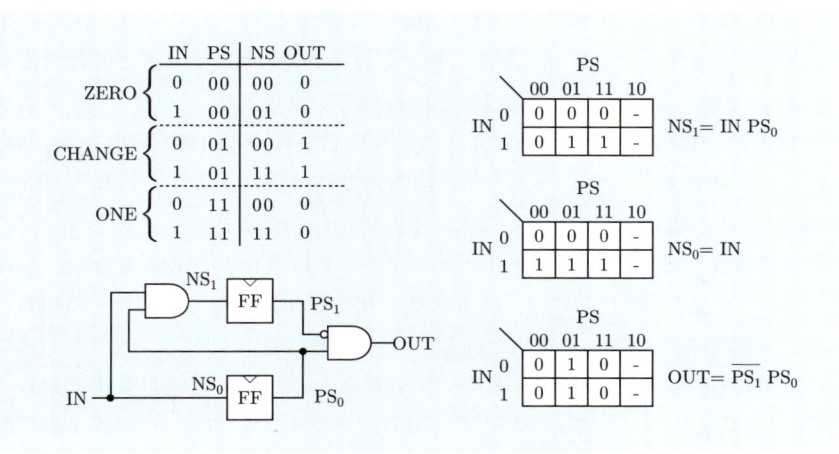

	IN	PS	NS	OUT
ZERO {	0	00	00	0
	1	00	01	0
CHANGE {	0	01	00	1
	1	01	11	1
ONE {	0	11	00	0
	1	11	11	0

$NS_1 = IN \cdot PS_0$

$NS_0 = IN$

$OUT = \overline{PS_1} \cdot PS_0$

図 6.3 図 6.1 に対応する回路

に2変数ずつ割り当て，それらの値の組合せを示す．縦横合計で8通りのすべての値における，設計対象の論理関数値を示す．図からわかるように，ムーア型のFSMを論理回路に直すと，出力の値はフリップフロップの値のみに依存していることに注意したい．

これに対し，出力の値がその時刻での入力値にも依存する形のFSMで，図6.1を設計した例を図6.4に示す．このように出力の値が状態だけでなく，その時の入力値にも依存するFSMはミーリー（Mealy）型FSMと呼ばれる．図では，1つ前の時刻の入力値が0であった状態ZEROと，1であった状態ONEの2つの状態からなっている．状態ZEROの時に，入力が1であった場合には，入力値が変化したことになるので，出力の値を1としており，それ以外の場合はすべて出力は0となる設計である．2つの状態をフリップフロップ1つの値として，それぞれ0,1とすると，図左の状態遷移図は，同右上に示す状態遷移表に変換でき，そこから図右下のような論理回路が生成される．ここで，出力OUTはフリップフロップだけでなく，入力INにも依存していることに注意したい．同図と，図6.2と比較すると，回路がかなり小さくなっている．一般に，ムーア型のFSMよりも，ミーリー型のFSMの方が状態数が少なく，また生成された回路が小さくなる．したがって，ミーリー型のFSMでハードウェアを設計した方が効率的であると言える．しかし，注意しなければならない点もある．

図6.5に2つの回路の動作を比較した例を示す．これは，上の2つの回路を同じ入力パターンについてシミュレーションした結果を示している．通常，クロックの立上りまたは立下りに対して値を取り込む，エッジトリガと呼ばれるフリップフロップが同期回路では利用される．図では立上りエッジトリガフリップフロップを使っている．これは，クロックの立上りで入力値を取り込むため，クロックの立ち上がった時の入力値に回路の動作は依存することになる．ムーア型のFSMの場合（図中解1）には，出力は状態，つまりフリップフロップの値のみに依存しているため，クロックの途中で値は変化することはない．しかし，ミーリー型のFSMの場合（図中解2），出力は状態だけでなく，その時の入力値にも依存するため，クロックの途中で入力値が変化すると，出力もそれに応じて変化してしまう可能性がある．図を見ると，同じ入力値の変化でもムーア型のFSMとミーリー型のFSMで，出力が変化するタイミングが異なることに注意したい．このようにミーリー型FSMでは，入力が変化するとそれに応

6.1 有限状態機械

じて出力も変化する可能性があるため,他の機器と接続する際には,このことを考慮した設計が必要となる.

最適な論理回路を生成するという観点からは,状態遷移表現に冗長性がある場合には,その除去が重要となる.一般に2つの状態に対して,次のいずれかが成り立つ場合には,それら2つの状態を1つにまとめる(マージする)ことができる.
- 出力が同じで,同じ状態に遷移している.
- あるいは,両者で互いに遷移先になっている.
- あるいは,両者とも自分に遷移している.

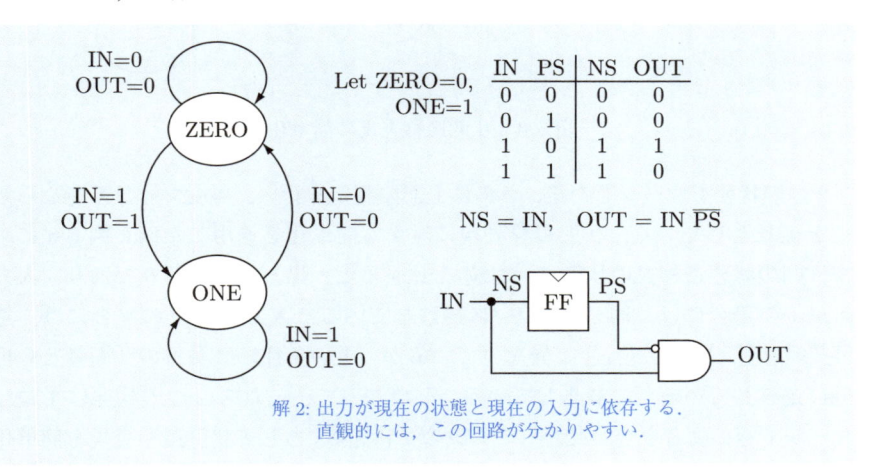

Let ZERO=0, ONE=1

IN	PS	NS	OUT
0	0	0	0
0	1	0	0
1	0	1	1
1	1	1	0

$NS = IN, \quad OUT = IN\ \overline{PS}$

解2: 出力が現在の状態と現在の入力に依存する.直観的には,この回路が分かりやすい.

図 6.4 図 6.1 の解 2

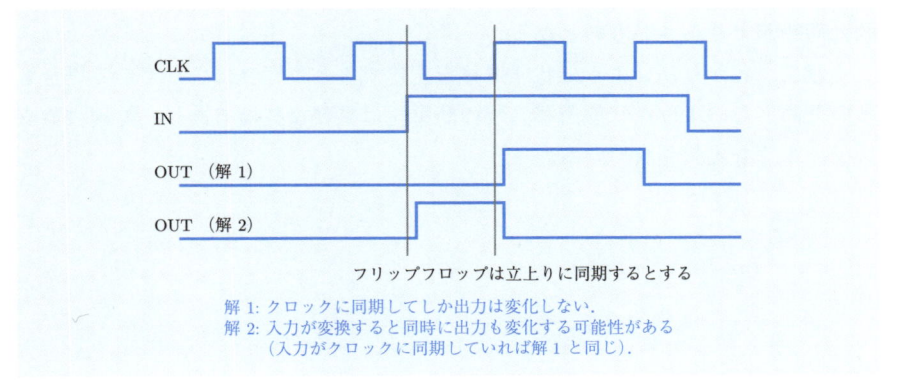

フリップフロップは立上りに同期するとする

解 1: クロックに同期してしか出力は変化しない.
解 2: 入力が変換すると同時に出力も変化する可能性がある
(入力がクロックに同期していれば解 1 と同じ).

図 6.5 2 つの解の比較

状態遷移表

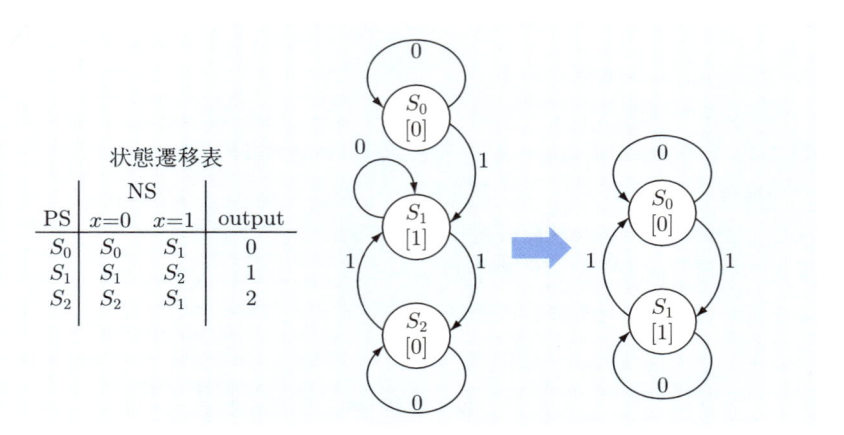

	NS		
PS	$x=0$	$x=1$	output
S_0	S_0	S_1	0
S_1	S_1	S_2	1
S_2	S_2	S_1	2

図 6.6 状態遷移表現の簡単化

2つの状態をマージした後，さらに上記の判定を行い，再度マージ可能なら処理を繰り返していく．状態遷移表現に対する簡単化を適用した例を図 6.6 に示す．図の状態遷移表の状態 S_0 と S_2 を比べると，出力値は同じ 0 であり，入力 x が 1 の場合には，同じ状態 S_1 に遷移している．入力 x が 0 の場合には，遷移先は状態 S_0 と状態 S_2 と異なっているが，上の条件に 3 番目の「両者とも自分に遷移している」に該当している．したがって，これら 2 つの状態は 1 つにマージでき，両者を合わせたものを改めて状態 S_0 として状態遷移表現を簡単化したものが図の右である．この例では 3 状態から 2 状態に減少しているため，状態を表すためのフリップフロップの数を 2 から 1 に減らすことができ，結果的に回路がより小さいものとなる．

一般に，わかり易いように状態遷移を記述すると，冗長になっている場合も多いため，このような状態遷移表現の簡単化は重要な技術であり，論理設計支援ツールでも実装されている．

6.2 制御部とデータパス

一般に，ハードウェアは算術・論理演算などの計算を行う部分と，それらの実行順やデータ転送のタイミングを決定する制御部から構成されている．図 6.7 に示す C 言語記述において，$b+a, c+d, a+c$ 等の計算を行う文と，それの間の実行順序やタイミングの制御の行う while, if 文があり，それは一体化して記述されている．ハードウェア設計とは，このような計算と制御が一体化した設計記述から，制御の部分（**制御部**と呼ばれる）と計算を行う部分（**データパス**と呼ばれる）に分ける作業が非常に重要となる．計算を行う部分には，乗算など各種演算器とデータを一時蓄えるためのレジスタがあり，それらが一定の通信路で接続され，それに応じてデータ転送ができるようになっている．このような演算器，レジスタなどの記憶素子，そしてそれらの間の通信路から構成され，設計しているハードウェアにおける計算部分を構成しているものを一般にデータパスと呼ぶ．ハードウェア設計においては，設計対象に合った，効率よいデータパスを導出できるか否かが，設計品質に大きく影響する．動作にあった，計算効率のよい，つまり，少ない演算器量で短時間に計算できる構造を持ったデータパスを生成する必要がある．

計算部分は，設計記述中の変数や演算の間の依存関係を満たすように行う必要があり，一般にデータフローグラフ（DFG）の形で表現できる．また，制御に関しては，前節で説明してきたように FSM で表現できる．このため，図 6.8 に示すように，ハードウェア設計を一般的に表すモデルとして，制御部に FSM を使用し，計算部分は DFG あるいは，データパスを使用する FSMD（FSM with Datapath）がよく利用されている．ハードウェア設計の導出や最適化，あるいは設計の正しさの確認を行う際にこの FSMD が利用されている．

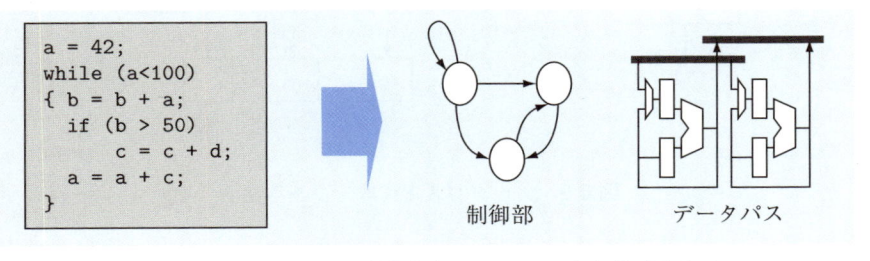

```
a = 42;
while (a<100)
{ b = b + a;
  if (b > 50)
      c = c + d;
  a = a + c;
}
```

制御部　　データパス

図 6.7　ハードウェアは制御部とデータパスから構成される

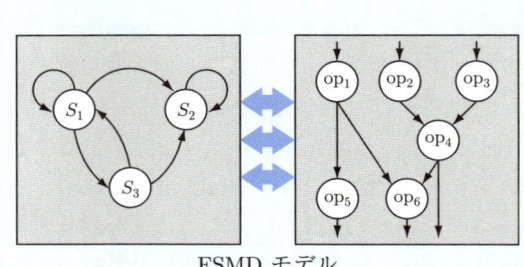

図 6.8　ハードウェアを FSMD で表現する

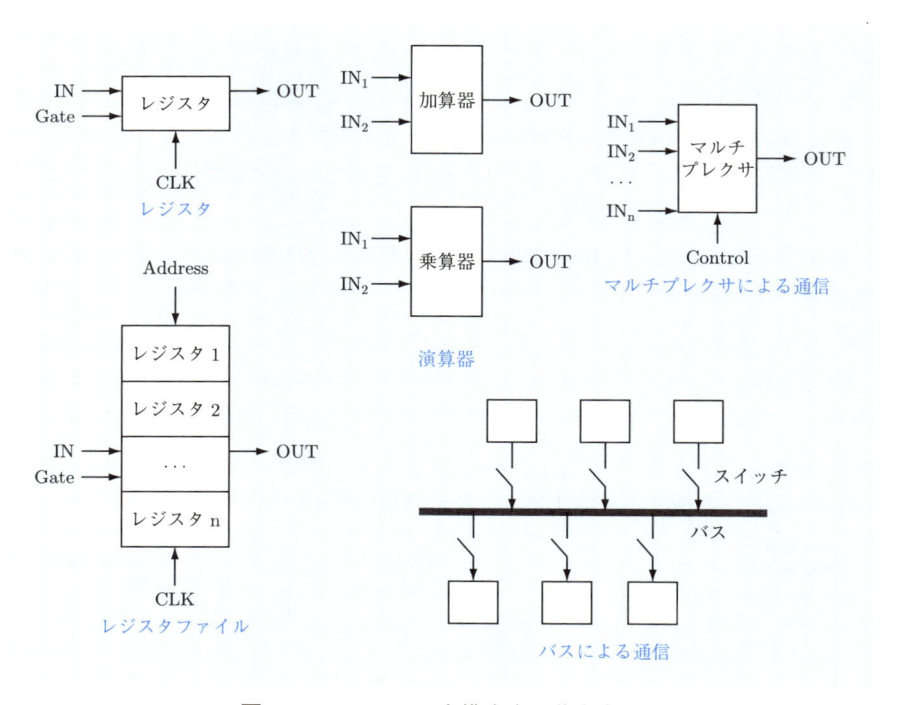

図 6.9　データパスを構成する基本素子

6.3 データパスを構成する基本素子

前節で述べたようにハードウェアはデータパスとそれを制御する制御回路から構成されている．一般にハードウェアは外部と通信しながら，何らかの計算や制御を行うように設計されるため，その実現には，基本的に，計算する素子，一時的にデータを記憶する素子，そしてそれらの間の通信路を構成する素子が必要となる．これらの素子から構成され，実際に計算を行いながら，指定された処理を行う部分がデータパスと呼ばれる．したがって，データパスを構成する素子は図 6.9 のようになる．まず，データを一時的に記憶する素子としてレジスタがある．レジスタは，Gate 入力がオンの時だけ，入力 IN の値をクロック信号に合わせて取り込む．しかし，Gate 入力がオフの場合にはレジスタは値の更新を行わない．レジスタを一定数集めたものはレジスタファイルと呼ばれ，レジスタの配列の形になる．Address 入力により，内部のどのレジスタを利用するかが決まる．さらに大きくなると，メモリとなる．実際に算術あるいは論理演算を行うのは演算器であり，加減算，乗算，各種論理演算などのための演算器がある．データ通信のための通信路は基本的に 2 種類の構成がある．1 つが，受け手側にマルチプレクサと呼ばれる入力切り替え器を挿入する方法で，もう 1 つがバスを利用する方法である．マルチプレクサは複数の入力を制御信号 (Control) により選択して出力できる素子であり，論理回路としては AND-OR の 2 段回路で作られている．一方，バスは単なる共通に利用する信号線の集まり（データのビット幅）であり，それと各素子の入出力がスイッチを経由して結合されている．それらのスイッチは，素子の出力と接続されているものは，同時には 1 つしかオンとならないように制御回路で制御されており，そのオンとなったスイッチに繋がっている素子からバスへ信号が供給される．バス上の信号は，素子の入力と繋がっているスイッチがオンとなっている素子すべてに同時に伝達することが可能である．一般に，多数のものを接続する際には，バスによる通信が向いており，少数の間での通信はマルチプレクサによる通信の方が効率がよい．

6.4 レジスタ転送レベル

FSM で表現されたハードウェア設計記述のことをレジスタ転送レベル（RTL）記述と呼ぶ．RTL 記述では，各クロックサイクルにおいて，どのような計算あるいはデータ転送を行うかを規定している．したがって，各クロックサイクルごとのデータフローは厳密に定義されているが，1 つのクロックサイクル内の計算順序は必ずしも決定していない場合もある．図 6.10 に図 6.7 の上の C のプログラムについての各種 RTL 記述の例をいくつか示す．プログラムのように実行順序のみ決定され，各実行文がどのクロックサイクルで実行するかが決定されていないものに対し，実行上，いつ次のクロックが来るかを指定する wait_for_clock 文を挿入することにより，実行中のクロックの区切りを指定することができる．1 つの wait_for_clock が挿入されると，それより上の文の実行が終了した時点でクロック信号が来て，wait_for_clock 文以降の実行は次のクロックサイクルで行われる．図の (a) では，wait_for_clock 文がないため，記述全体が 1 クロックサイクル内で実行されることになる．つまり，記述全体が 1 つの組合せ回路として実現されることになり，通常このようにすると，回路規模が膨大となる．図の (b) は，while ループの前と，while ループの 1 つのイタレーションの最後に wait_for_clock があるため，そのイタレーションの 1 回の実行ごとにクロックが来ることになり，基本的にイタレーションを 1 回実行する組合せ回路が生成されることになる．したがって，イタレーション内に加算が 3 回行われる可能性があるため，加算器を 3 個用意する必要がある．これに対し，図の (c) では，各実行文ごとに wait_for_clock 文が挿入されているため，1 つのクロックサイクル内では加算は最大 1 回しか実行されない．つまり，必要な加算器は 1 つとなる．このようにスケジューリングによって，必要となる演算器の数が大きく異なり，また，実行するためのクロックサイクル数も変化する．この両者のトレードオフを考慮しながら，設計していく必要があり，その自動化手法については，次章で説明する．

データパスの構造がどの程度決まった RTL 記述であるかによって，RTL 記述には下記のように，5 つのスタイルがある．スタイル 1 が最もデータパスの構造が決まっておらず抽象的な設計記述であり，スタイル 5 が最も詳細までデータパスの構造が決まった記述である．

6.4 レジスタ転送レベル

```
a = 42;
while (a < 100)
{ b = b + a;
  if(b > 50)
     c = c + d;
  a = a + c;
}
```
(a) クロックの区切れなし．全体が組合せ回路となる

```
a = 42;
Wait_for_clock;
while (a < 100)
{ b = b + a;
  if(b > 50)
     c = c + d;
  a = a + c;
  Wait_for_clock;
}
```
(b) while 内の繰り返しごとにクロックがくる記述

```
a = 42;
Wait_for_clock;
while (a < 100)
{ b = b + a;
  Wait_for_clock;
  if(b > 50)
     c = c + d;
  Wait_for_clock;
  a = a + c;
  Wait_for_clock;
}
```
(c) 各代入文ごとにクロックがくる記述

図 6.10 C 言語記述に対するクロックの来るタイミングの指定：スケジューリング

- スタイル 1：*Unmapped*

  例：$a = b * c$

- スタイル 2：*Storage mapped*

  例：$R_1 = R_1 * \text{RF}_1[2]$

- スタイル 3：*Function mapped*

  例：$R_1 = \text{ALU}_1(\text{MULT}, R_1, \text{RF}_1[2])$

- スタイル 4：*Connection mapped*

  例：$\text{Bus}_1 = R_1; \text{Bus}_2 = \text{RF}_1[2]; \text{Bus}_3 = \text{ALU}_1(\text{MULT}, \text{Bus}_1, \text{Bus}_2);$
  $R_1 = \text{Bus}_3$

- スタイル 5：*Control extracted*

  例：$\text{ALU}_C\text{TRL} = 001001; \text{RF}_{1C}\text{NTL} = 010; \cdots$

スタイル 1 では，上の例のように，どの変数を使ってどのような種類の演算を行うかのみが記述される．スタイル 2 では，これに対して，各変数とそれを格納するレジスタのマッピングを行う．上の例では，変数 a がレジスタ R_1 に，変数 b もレジスタ R_1 にマッピングされ，変数 c はレジスタファイル 1 番の 2 番地にマッピングされている．次のスタイル 3 では，さらに使用する演算器を具体的にどれを利用するかを決定する．上の例では，乗算には ALU_1 の乗算機能を利用するようにマッピングされている．スタイル 4 では，通信路を決定する．

```
Style4:
Bus₁ = R₁;
Bus₂ = RF₁[2];
Bus₃ = ALU₁(MULT,Bus₁,Bus₂);
R₁ = Bus₁
```

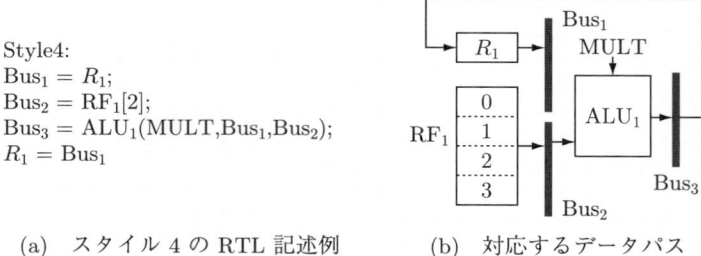

(a) スタイル 4 の RTL 記述例　　(b) 対応するデータパス

図 6.11　RTL 記述の詳細化：データパスの指定

上の例では，レジスタ R_1 は通信路 Bus_1 に接続され，レジスタファイル RF_1 は通信路 Bus_2 に接続されており，それぞれ Bus_1, Bus_2 が演算器 ALU_1 の 2 つの入力に接続されている．また，演算結果は通信路 Bus_3 に接続され，その Bus_3 がレジスタ R_1 の入力に接続されている．最後のスタイル 5 では，スタイル 4 の動作を行うようにデータパスを制御するための信号を明示的記述しており，制御部とデータパス部が明確に分かれて記述されている．

この記述例のスタイル 4 に対応したデータパスを図 6.11 に示す．3 つの通信路として，Bus_1, Bus_2, Bus_3 が用意され，記述にしたがって接続されていることがわかる．また，演算器 ALU_1 には，信号 MULT が入力され，ALU_1 で乗算を実行すべきこと，また，RF_1 にも信号 2 が入力され，2 番地のレジスタの内容を使用することなどもわかる．

通常は，スタイル 1 の記述から始め，設計を詳細化する過程でスタイル 2, 3, 4, 5 と変換していくように設計する．スタイル 5 まで詳細化されると，制御部は，8 章の論理合成ツールで自動的に論理回路に変換され，データパス部は演算器やレジスタの間の接続情報が指定されているので，そこから論理回路を生成できる．演算器については，乗算器などよく利用されるものについては，新規設計しなくても従来の既設計を再利用できる場合が多い．一方，C 言語記述から RTL 記述を自動生成することも可能で，高位合成と呼ばれる．高位合成においては，各クロックで計算すべき事項を決定するスケジューリング処理と，効率的なデータパスを自動生成することが処理の中心になっており，次章で説明する．

6章の問題

□**1** FSMにおける，ムーア型とミーリー型の違いを説明せよ．

□**2** RTLとは，ハードウェア設計において，何が既に決定された設計段階か，簡潔に説明せよ．

□**3** ハードウェアにおける制御部とデータパス部の役割を簡潔に説明せよ．

□**4** FSMDについて，例を用いてどのようなものかを簡潔に説明せよ．

7 高位合成

　C言語記述からレジスタ転送レベル（RTL）記述への変換は，一般に高位合成（または動作合成）と呼ばれる．本章では，高位合成処理の基本となる，スケジューリング，アロケーション，バインディング処理について説明する．これらの処理により，動作の順序のみが決まっているC言語記述が，各クロックサイクルごとにどの値を使って，どの計算が行い，どこへ格納するかがすべて決まっているRTL記述に変換される．

> **7章で学ぶ概念・キーワード**
> - スケジューリング
> - アロケーション
> - バインディング

7.1 高位合成処理の流れ

　前章では，C 言語プログラム記述をスケジューリングすることで，各クロック単位の動作であるレジスタ転送レベル（RTL）記述の変換ができることを説明した．本章では，その過程の詳細について解説する．C 言語プログラムの記述から RTL 記述を自動生成することを一般に高位合成と呼ぶ．C 言語プログラムなどの高位の設計記述では，RTL 記述と異なり，データパスが未決定であり，データの流れや処理順序だけが決まっている．データパスを決定するには，高位記述の中の各処理をどの演算器で実行するか，各変数をレジスタに格納するか，そして演算器とレジスタをどのような通信路で行うかを決定しなければならない．合わせて，データパスの動作がスケジューリングされた C 言語プログラムと一致するように，データパス上でのデータ転送のタイミングを適切に制御する制御信号を生成しなければならない．したがって，高位合成とは，図 7.1 に示すように，C 言語プログラムの記述から，データパスを適切に制御する制御回路を生成するプロセスである．

　高位合成処理の流れは，一般に図 7.2 のようになる．まず，C 言語プログラム記述を後の処理に便利な形に変換し，計算機内部表現とする．C 言語プログラムは，基本的に最初から順に実行されていくが，if 文などの条件文があると，実行順が変換する．そこで，与えられた C 言語プログラムを順位実行する単位に分割し（この分割されたものはベーシックブロック（**basic block**）と呼ばれる），if 文や while 文の実行制御法にしたがって，ベーシックブロック間の実行順を示すエッジが張られる．例を図 7.3 に示す．ベーシックブロック内では，すべて上から順に実行される．そして実行の最後は条件分岐となっており，条件にしたがって，次に実行されるべきベーシックブロックが決定されるため，そこへエッジが張られている．以上では，C 言語プログラムの実行順，つまり制御フロー（コントロールフロー）が示されており，**コントロールフローグラフ**（**Control Flow Graph, CFG**）と呼ばれる．また，ベーシックブロック内の記述も解析し，その間のデータの依存関係（データフローと呼ばれる）をグラフにして加えたものは**コントロールデータフローグラフ**（**Control Data Flow Graph, CDFG**）と呼ばれる．一般にこれらのデータ構造を必要に応じて使い分けながら，高位合成処理は進められていく．データフローの解析例を図 7.4 に

7.1 高位合成処理の流れ

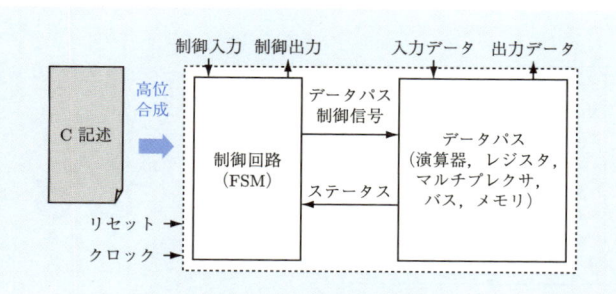

図 7.1 高位合成 = C 言語記述 から RTL を生成

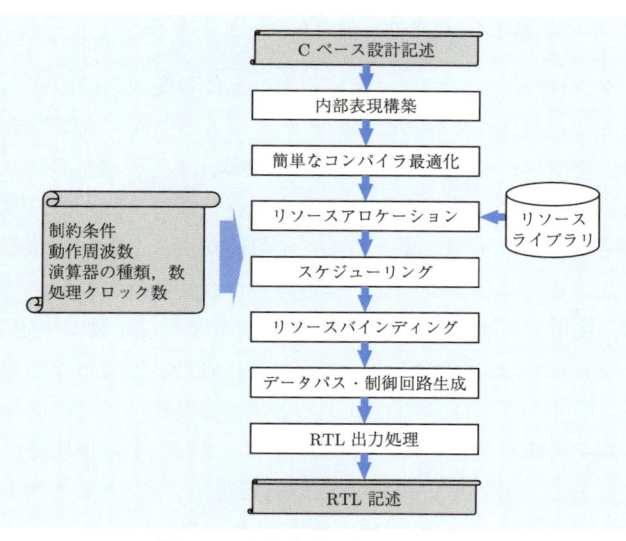

図 7.2 高位合成の処理の流れ

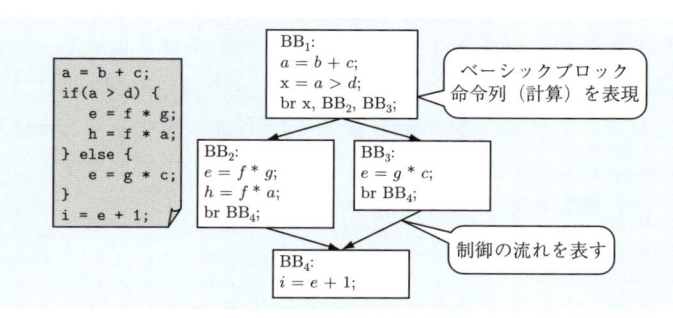

図 7.3 C 言語記述を内部表現へ変換

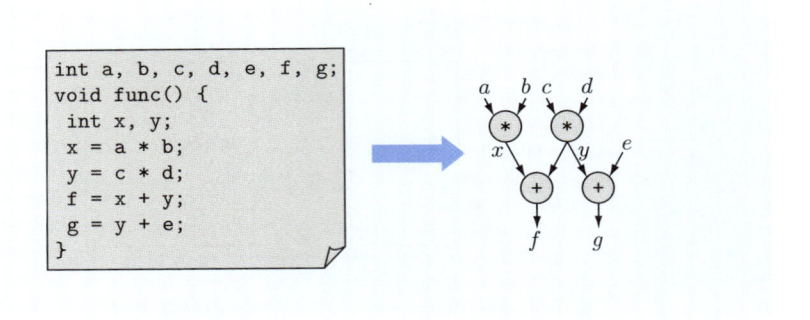

```
int a, b, c, d, e, f, g;
void func() {
 int x, y;
 x = a * b;
 y = c * d;
 f = x + y;
 g = y + e;
}
```

図 7.4 C 言語記述からデータフローを抽出

示す．データフローグラフでは，図に示すように各変数の間のデータ依存関係がグラフとして表現されているため，データパスを生成する際の基本となる．

内部表現に変換されると，高位合成の次の処理として，通常のソフトウェアコンパイラと同じように，内部表現の最適化が行われる．例えば，同じ計算を複数行っている場合には1つにまとめる，定数値が現れた場合にはそれを伝搬させることで記述を簡単化する，などの処理が行われる．次のリソースアロケーションでは，使用する演算器の種類と数を，自動または手動で決定する．また，スケジューリングでは，CDFG 上の各演算を，どの状態で行うかを決定し，リソースバインディングでは，CDFG 上の各演算を具体的にどの演算器で行うかを決める．以上の結果をもとに，FSMD のデータパスと制御回路が決定可能である．最後に RTL 記述をハードウェア記述言語（C 言語系のものもあるが，通常は，Verilog-HDL あるいは VHDL が利用されることが多い）．

高位合成では，クロック周波数，演算器の種類や数，処理クロック数など，各種設計上の制約の指定が可能である．これらの制約条件によって，生成されるRTL の品質が大きく影響を受けるため，高位合成を使いこなすには，設計者は合成結果を見て，不満足な点があれば，制約条件を変更することを繰り返す必要がある．この過程で，設計者は，高位合成ツールの中でどんなことが行われているか，その概要を知っていることが重要となる．

7.2 データフローグラフレベルの最適化

　CDFG や DFG の簡単化では，算術式・論理式の等価性や結果として等価となる計算法の変換規則などに基づき，グラフのトポロジーを変換したり，ノードの演算をより簡単なものに変換することなどが行われる．これらの変換は基本的にソフトウェア用のコンパイラと同じ技術が使われるが，ソフトウェア用のものと比較し，高位合成処理ではより時間をかけた変換処理も行われることが多い．変換の例を図 7.5 に示す．図の上の例では，2 を掛けるという操作を 1 ビット左シフトに変換している．この変換により，乗算が左シフトに置き換わり，結果として回路規模の大きい乗算器が不用となるため，ハードウェアの最適化という観点からは効果が大きい．また，図の下の例では，加算の数は同じ 3 回であるが，変換後はどの変数にも加算が 2 回適用されているので，回路に変換した場合，遅延が同一になることが期待できる．しかし図左下のように計算すると，変数 a, b に対しては，加算が 3 回適用されるため，変数 c, d と比較して回数が多く，遅延が長くなる可能性が高い．このため，通常，図右下のような形にデータフローを変換することが多い．実際の高位合成ツールでは，このような比較的単純な変換だけでなく，多項式など数式全体を等価な別の形式に変換するなど，大きくグラフの形が変化することもある．

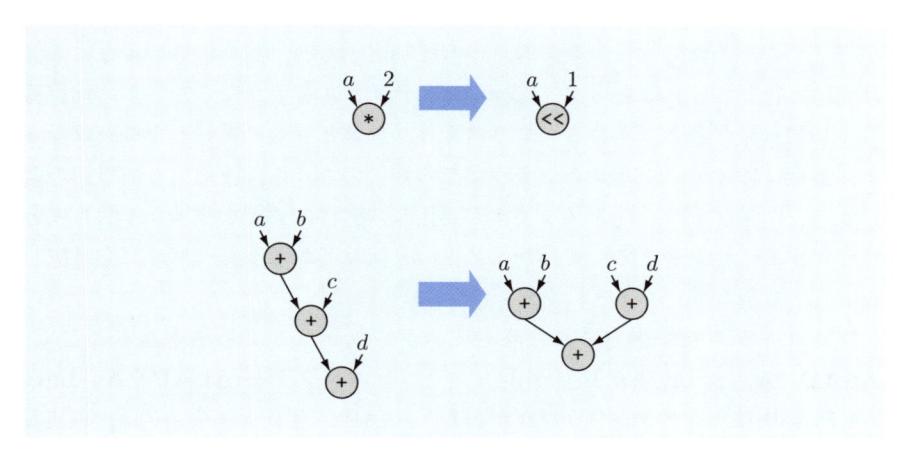

図 7.5　高位記述の最適化処理

7.3　スケジューリング処理

次にスケジューリングでは，CDFG 中の命令を実行する時刻（どのクロック周期か）を決定する．その際，動作周波数や，各命令の実行にかかる遅延時間を考慮しながら，できるだけ少ない演算器で，しかもサイクル数の短いスケジューリング結果を得ることを目的とする．スケジューリングの際には，リソースが許す限り並列化を行い，サイクル数を短くし，可能な限りの高速化を図る．高位合成では通常，(1) サイクル数を最小にしつつ面積ができるだけ小さい回路を生成するか，(2) リソース数を最小にしつつ，サイクル数ができるだけ小さい回路を生成する．制約を変えながら合成することで，(1) と (2) の中間の解を得ることも可能である．図 7.6 に示す例では，左のデータフローのスケジューリングを行っている．ここでは，乗算器の数を 1 個，加算器の数を 2 個に制限し，それを満たすようなスケジューリングを生成している．右のデータフローの各水平線は，クロックの区切りを示しており，そこでクロックが 1 つ先に進むことになる．図では乗算器は同クロックに 1 個しかないので，順に実行されるが，加算器は 2 個あるので，データフローの 2 つの加算は同時並行に実行されるようにスケジューリングされている．

使用する演算器の数を変化させると，スケジューリングも変わってくる．図 7.7 に例を示す．乗算器を 2 個，加算器も 2 個の場合には，乗算，加算とも並列に実行できるため，図の左のようにスケジューリングでき，2 サイクルで実行が終了する．これに対し，乗算器を 1 個に制限すると，図の中央のように乗算は順に実行しなければならず，実行には 3 サイクル必要となる．さらに加算器も 1 個に制限すると，図の右のように乗算，加算とも順に実行しなければならず，実行には 4 サイクルかかるようになる．このように，使用する演算器の数によって，スケジューリングは大きく変化し，実行に必要なサイクル数も大きく変化する．したがって，実行サイクル数と演算器数のトレードオフを考慮しながら，設計していくことになる．

実行サイクル数が指定された場合のスケジューリング手法の基本として，**ASAP**（**As Soon As Possible**）スケジューリングと **ALAP**（**As Late As Possible**）スケジューリングがある．ASAP スケジューリングは，各演算を可能な限り早くスケジューリングする手法であり，ALAP スケジューリング

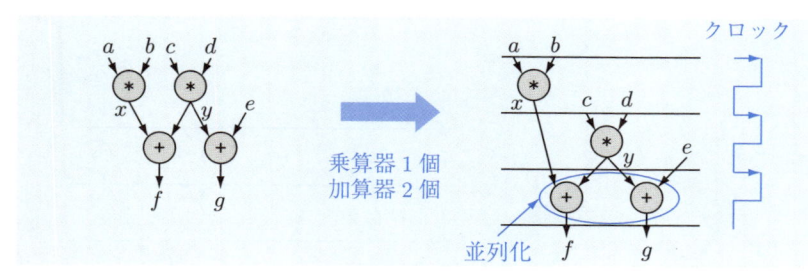

図 7.6 高位合成におけるスケジューリング処理

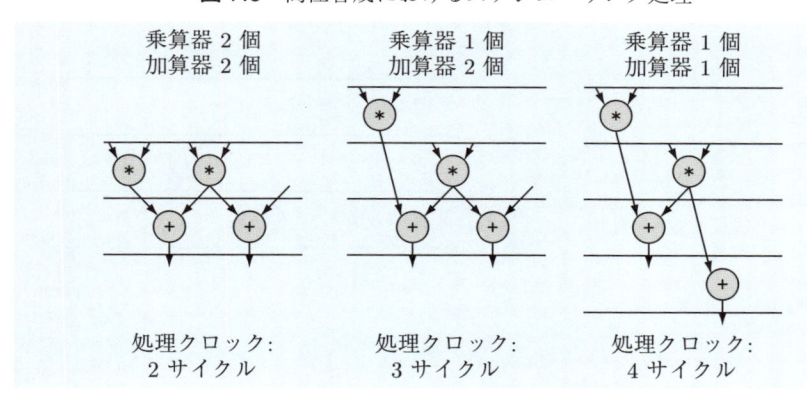

図 7.7 異なるスケジューリング結果の例

はその反対に可能な限り遅くスケジューリングする手法である．図 7.8 に例を示す．図からわかるように，いくつかのノードのスケジューリングされる時刻が，ASAP スケジューリングと ALAP スケジューリングで異なっている．例えば，一番左の乗算は，ASAP スケジューリングでは最初の時刻に実行されることになっているが，ALAP スケジューリングでは最後の時刻に実行されることになっている．このことは，全体の実行に 3 サイクルかける場合には，この乗算は，どの時刻にスケジューリングされてもよいことを示している．これに対し，一番右の乗算は，ASAP スケジューリングの場合には最初の時刻，ALAP スケジューリングでは 2 時刻目にスケジューリングされているので，このどちらかの時刻に実行しなければならないことになる．このように ASAP スケジューリングと ALAP スケジューリングをまず行うことで，各演算に許容される実行時刻の範囲がわかるため，それを基本としてより最適なスケジューリングを行う手法が開発されている．

第 7 章 高位合成

(a) ASAP スケジューリング

(b) ALAP スケジューリング

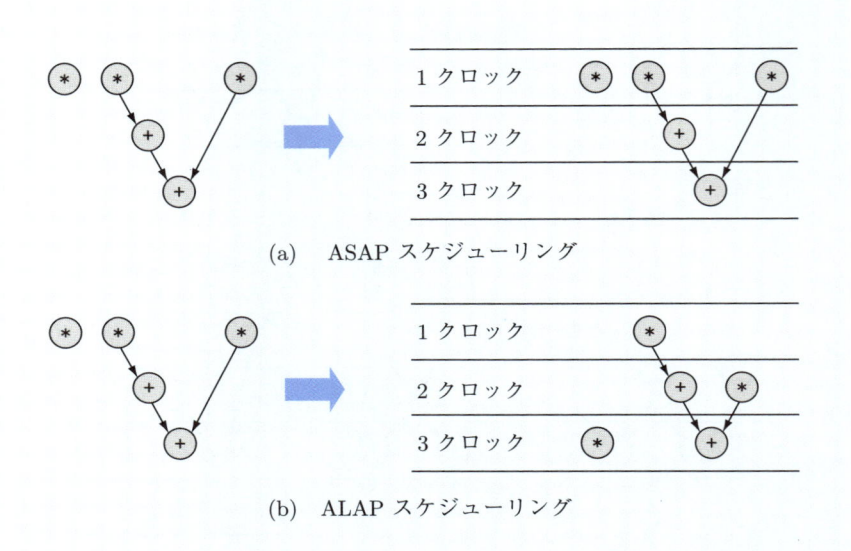

図 7.8 基本的なスケジューリング

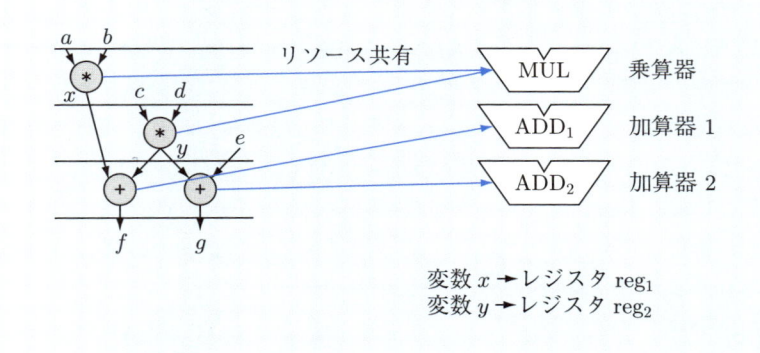

図 7.9 リソースバインディング

7.4 演算器・レジスタなどの割当て

　スケジューリングが済み，データフロー上の各演算がどの時刻で実行されるかが決定されると，次にその各演算を具体的にどの演算器で実行するかを決定する．これは，リソースバインディングと呼ばれ，各演算をどの演算器で実行するか，および，クロックをまたいで使用される各変数をどのレジスタに格納するかなどを決定する．同時に実行される演算には，異なる演算器を割り当てる必要がある．一方，異なる時刻で実行される演算同士は，同じリソースを使用可能なため，リソースを共有することにより面積を削減できる場合が多い．図7.9にリソースバインディングの例を示す．この例では，1つの乗算器を2つの乗算の間で共有している一方，加算については，2つの加算を並列に実行する必要があるため，2つの加算器が用意されている．また，2つの乗算の結果を一時的に格納するレジスタとして，reg_1, reg_2 が用意されている．

　レジスタを割り当てるアルゴリズムの例として，よく使用されるものに，図7.10に例を示す，レフトエッジアルゴリズムがある．まず，同図 (a) のように，各変数が生存する区間を求める．生存区間とは，その変数に値が代入されてから実際に使用され不用となるまでの期間を指す．基本的に，この生存区間が重ならない変数は同じレジスタに割り当てることができ，レジスタの数を削減できる．レフトエッジアルゴリズムでは，図の (b) に示すように，生存区間の開始時刻の早いものから順に並べて，生存区間をつめていき，その順にレジスタを割り当てていく．レフトエッジアルゴリズムは，レジスタ数最小となる演算器バインディングにも利用可能である．

　図 7.10 の例の場合は，5個変数があるが，3個のレジスタがあればよいことがわかる．レフトエッジアルゴリズムの欠点は，最大限共有を行うことでリソース（レジスタ）の数を最小化することしか考えておらず，共有によって発生するデータ通信路のマルチプレクサ数を考慮していない点である．そのため，マルチプレクサの性能や面積に与える影響が無視できない．この欠点を解消するため，重み付き2部グラフのマッチング（bipartite weighted matching）と呼ばれるアルゴリズムのように，ある程度マルチプレクサの影響を考慮できるアルゴリズムもあり，利用されている．

　リソースバインディングで可能な限りリソース共有を行うことにより，リソー

(a) 各変数の生存区間を抽出

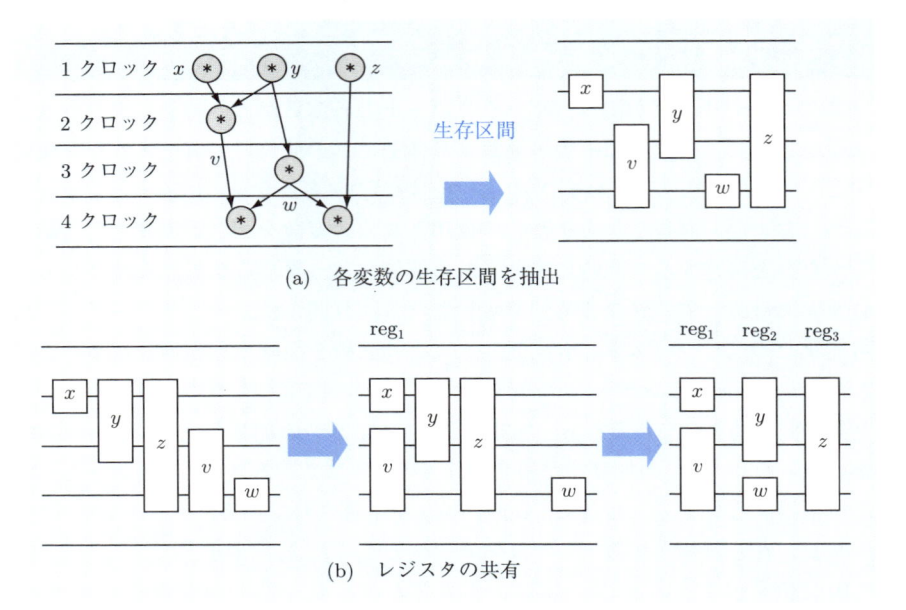

(b) レジスタの共有

図 7.10 レフトエッジアルゴリズムによるレジスタの共有

ス自体の使用量は削減される．しかし通常，リソース共有を実現するためには，リソースの入力ポートにマルチプレクサを追加する必要があり，単純にリソースを共有しすぎると面積や性能が悪化してしまうことがあるため，注意が必要である．図 7.11 に示すように，同じデータフローにある 2 つの加算に対し，2 つの加算器を割り当てた場合，同図右上のように単純にレジスタと加算器を接続すればよいが，1 つの加算器を共有することにすると，同図右下のように，加算器の入力を選択するためのマルチプレクサを挿入する必要がある．一般に演算器の共有を進めれば進めるほど，必要となるマルチプレクサの量（数とマルチプレクサの入力数）が増大する．したがって，演算器の面積とマルチプレクサのための面積を比較しながら，バインディング処理を進めていく必要がある．

以上の処理を行うことで，制御回路とデータパス（両者を合わせれば FSMD となる）を生成するのに必要な情報がすべて得られており，RTL の形で出力可能である．RTL 記述は，C 言語でも表現できるが，多くは，従来のハードウェア記述言語である，Verilog-HDL や VHDL を使って表現されることが多い．図 7.12 に生成された RTL 記述の Verilog-HDL による記述例を示す．

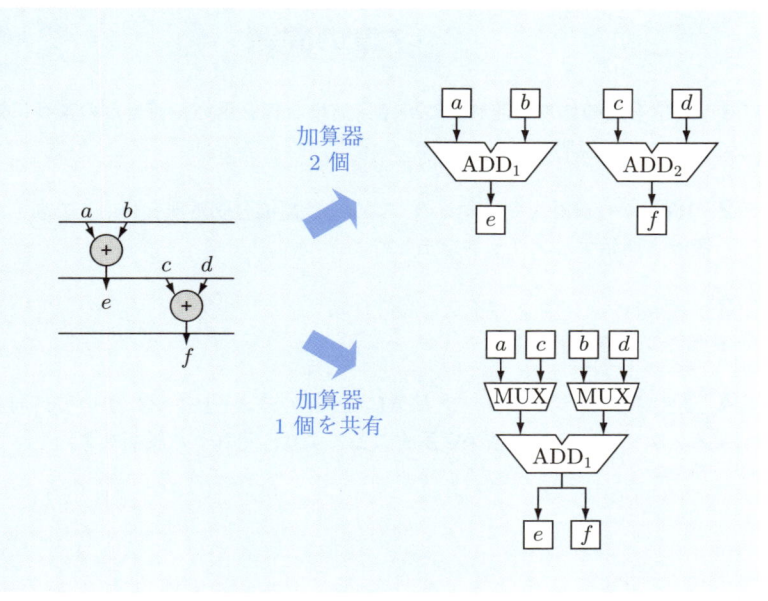

7.4 演算器・レジスタなどの割当て

図 7.11 演算器の共有とマルチプレクサの導入

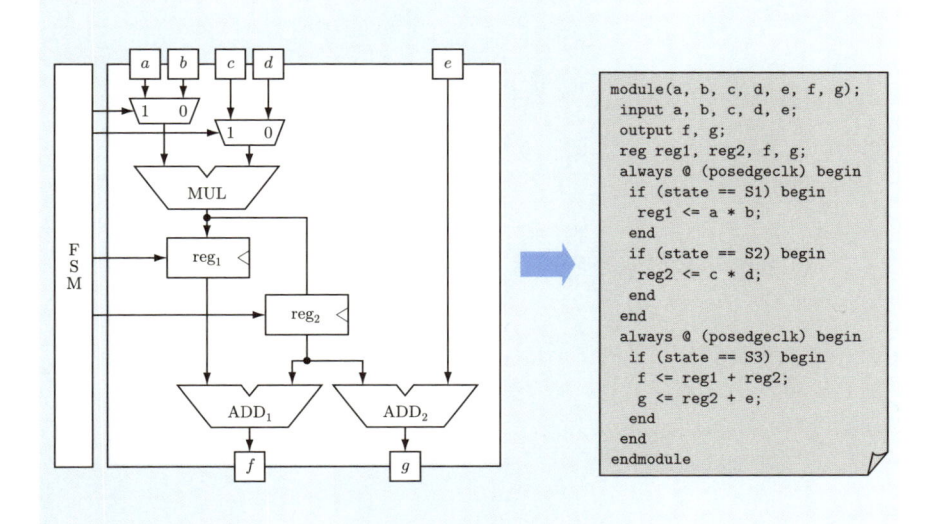

```
module(a, b, c, d, e, f, g);
 input a, b, c, d, e;
 output f, g;
 reg reg1, reg2, f, g;
 always @ (posedgeclk) begin
  if (state == S1) begin
   reg1 <= a * b;
  end
  if (state == S2) begin
   reg2 <= c * d;
  end
 end
 always @ (posedgeclk) begin
  if (state == S3) begin
   f <= reg1 + reg2;
   g <= reg2 + e;
  end
 end
endmodule
```

図 7.12 合成結果の RTL 出力

7章の問題

1 高位合成の処理の流れについて，簡単な例を用いて何をどのように処理していくかについて説明せよ．

2 RTL から設計を開始するのではなく，高位合成処理を利用して高位設計記述から設計を開始するメリットをまとめよ．

3 ソフトウェアコンパイラと高位合成ツールについて，両者の似ている点と異なる点について説明せよ．

4 ASAP スケジューリングと ALAP スケジューリングについて，同じ例題に対するスケジューリング結果を示すことにより，それぞれ説明せよ．

8 論理合成

　状態遷移表現で表された設計記述から論理回路を自動生成する処理は論理合成と呼ばれる．状態遷移表現に対し，冗長性除去とフリップフロップなどの記憶素子の値と各状態の割当てを行うことで，まず論理式に変換する．次のその論理式の冗長性除去ならびに最適化を行い，最後に利用する半導体テクノロジに対応するゲートのみからなる回路に変換する．

8章で学ぶ概念・キーワード
- 積和形論理式簡単化
- 多段論理式簡単化
- テクノロジマッピング

8.1 論理合成の流れ

　ハードウェアを構成するデータパスについては，前章で示したように，レジスタ，演算器，マルチプレクサやバスなどの各種通信路から構成されており，通常それぞれライブラリに設計が蓄えられており，新規設計する必要はあまりない．したがって，ライブラリから最も適切な素子を選択することで，論理回路を自動生成できる．これに対し，制御回路については，設計ごとに利用する素子とその組合せは異なるため，ライブラリから単純に選択するということはできない．このため，制御回路はしばしばランダムロジックとも呼ばれている．これは，制御回路は設計ごとに異なるということを表している．

　論理合成処理の流れを図 8.1 示す．制御回路については，設計は，通常有限状態機械（FSM）の形で与えられるため，そこから論理回路を生成することになり，一般に論理合成処理と呼ばれている．与えられた FSM に対し，状態数の削減による簡単化と状態割付けを行うことで，組合せ回路と記憶素子（フリップフロップ）に分けられる．**状態数の削減**による簡単化，ならびに**状態割付け**については既に述べたので，本章では，組合せ回路部分に対する論理回路生成手法について説明する．ハードウェア記述言語で表現された設計記述は，論理式に変換され，積和形論理式簡単化処理，ならびに多段論理式簡単化処理が適用され，論理式表現から冗長性が除去される．これにより，ハードウェアとしての回路面積と遅延時間の縮小が図られる．実際に VLSI として実現するには，論理式を利用する半導体技術が提供している回路素子のみの回路に変換する必要がある．それらは，一般にセルと呼ばれ，ライブラリとして設計者に提供されている．セルライブラリには，AND, NAND, OR, NOR などの基本的なゲート，それらを組み合わせた複合ゲートと呼ばれるもの，さらに各種演算器やマルチプレクサなども含まれている．任意の論理式あるいは論理回路をセルライブラリの中にあるセルからなる回路に変換する処理はテクノロジマッピングと呼ばれる．テクノロジマッピング後も必要に応じて，さらに回路の簡単化処理を行い，次の設計工程である配置・配線処理へ設計データが送られる．

8.2 ルールベースの論理最適化

　論理合成の目的は，FSM，論理式，あるいは真理値表の形で与えられた論理関数を実現する論理回路を自動的に生成することである．この際のコスト関数としては，回路面積，回路遅延，消費電力，あるいはこれらを組み合わせたものとなる．以下，論理合成技術の概要を説明していく．基本的な戦略として，論理式レベルの簡単化（**論理式簡単化**と呼ぶ）し，利用する半導体テクノロジーに対応した回路に変換し（テクノロジマッピング），そして，必要に応じて生成された論理回路をさらに簡単化する．論理式簡単化技術に関する研究開発は1960年代から活発に行われてきており，1990年代になって，基本設計ツールとして設計者に広く使われるようになった．最も直観的にわかり易い論理式簡単化は，ルールベースに基づく手法である．図8.2にその例を示す．2重否定はキャンセルし合うこと，ド・モルガンの定理の利用など種々の回路変換がルールの形で示されており，これらをある順で適切に順次適用していくことによって回路を簡単化してく．利用されるルールの数が多いほど簡単化能力は高くなるが，ルールを適切に適用することは難しくなり，処理時間も増大していく．それでも実際の論理合成ツールでは，数百種類のルールを利用している場合が多い．

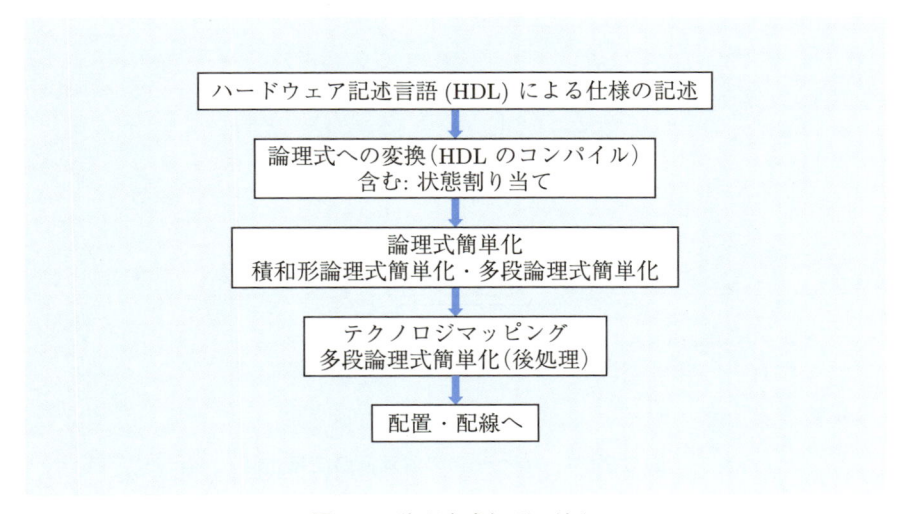

図 8.1　論理合成処理の流れ

(a) 簡単化対象回路

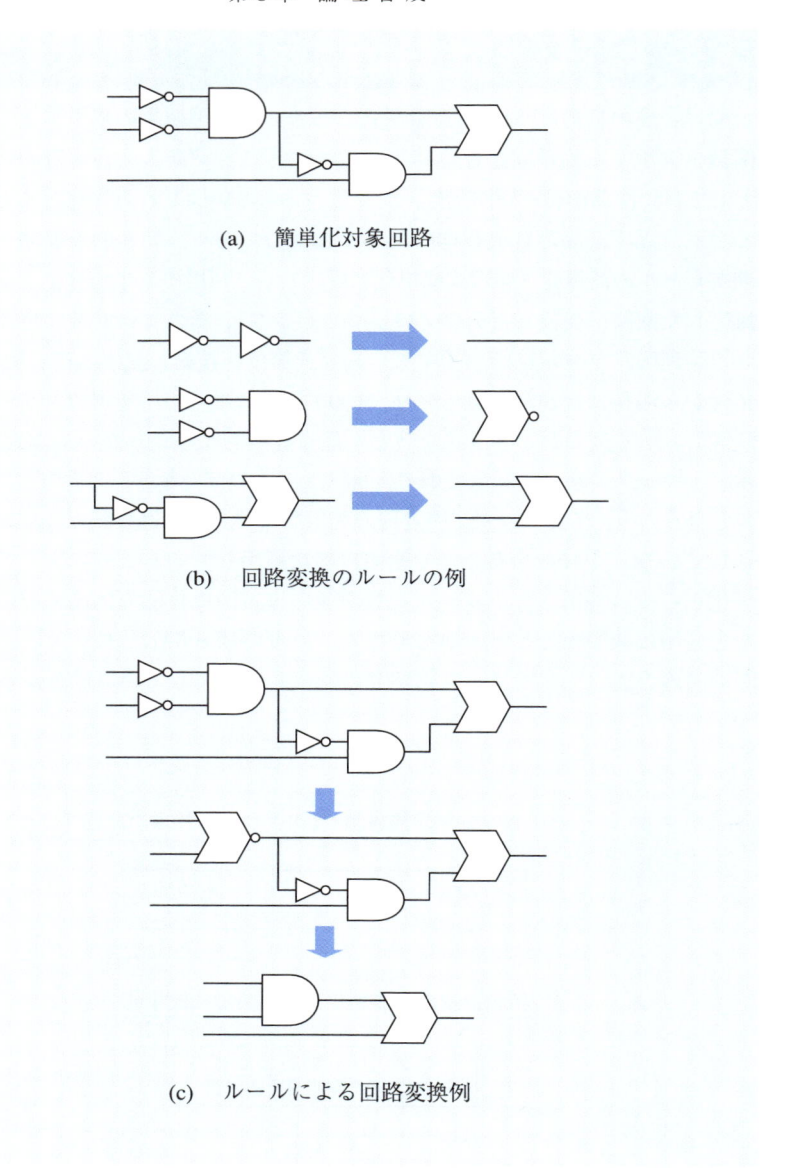

(b) 回路変換のルールの例

(c) ルールによる回路変換例

図 8.2 ルールベースの論理回路簡単化例

8.3 積和形論理式最適化

　論理式簡単化技術の最も基本となるものは，積和形論理式（2段論理式とも呼ばれる）を対象とするものである．これは，AND-ORの形の回路はPLA（Programmable Logic Array）という形でトランジスタレベルで直接実現することができるという理由からその論理式簡単化技術も古くから研究されてきた．図8.3に積和形論理式簡単化の例をカルノーマップで示す．図では，1となっている部分が1であり，空欄は0を示す．図8.3(a)と(b)を比較すると，同じカルノーマップであるが，積和形論理式表現としては，(a)には積項が4つあるが，(b)には3つしかない．このように，カルノーマップ上の1の部分をどのように積項で囲むかによって，同じ論理関数でも表現に必要な積項数は異なる．積和形論理式簡単化では，積項数を最小化することが目標とされる．与えられた論理関数を最小数の積項で表現する形を求めることを絶対的最適化と呼ぶこともある．その基本は，与えられた真理値表（カルノーマップ）から，**主項（prime implicant）**をすべて生成し，それらの中から最小数の主項で論理関数全体をカバーするものを見つけるものであり，基本的に変数の数に対して最悪の場合，指数時間を要するアルゴリズムになる．主項は，カルノーマップ上では，1の部分のみを囲む最大の積項を指す．変数の数は同じでも，生成される主項の数は論理関数によって大きくことなるため，簡単化に要する時間も論理関数によって大きく変化する．この種のアルゴリズムは1960年代から研究されており，代表的なものに，クワイン–マクラスキー（Quine-McCluskey）法がある．一般に，

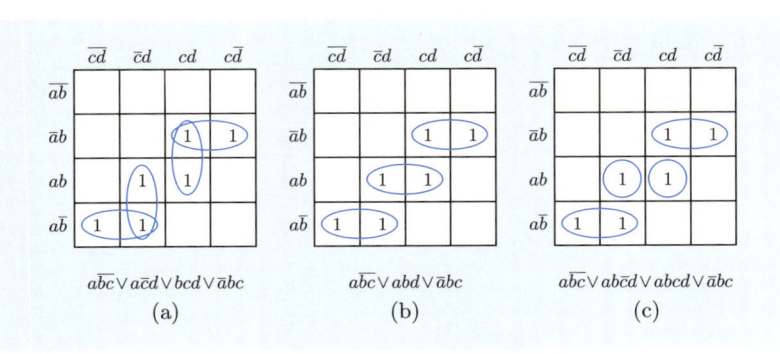

図 8.3　積和形論理式の簡単化例

生成される主項の数は変数の数に対して，急激に増大するので，クワイン–マクラスキー法などの手法は変数が20以下の論理関数にしか適用できない場合がほとんどである．

　そこで，積項数が最小のものを見つけるのではなく，より少ない積項数からなる積和形論理式をヒューリスティックス（発見的手法）で生成する手法に関する研究が1980年代に活発に行われた．その代表的なアルゴリズムはEspressoと呼ばれるもので，現在でも広く利用されている．基本は繰り返し改善になっており，図8.3(a)から出発して，繰り返し改善を施すことで，同図(b)を得ようとするアルゴリズムである．ここで，(a)の積和形論理式には冗長性，つまり，どの積項も必要であることに注意したい．したがって，このままでは冗長性除去によって，よりよい解を得ることはできない．(a)を如何にすれば(b)にできるかと考えると，(c)に示すように，積項を一旦縮小し，元とは異なる方向に拡大すれば，(a)を(b)にできるということに気がつく．これは，基本的に各積項について，項の縮小，別方向への項の拡大，冗長な項の除去，の3つのステップを繰り返せばよいことがわかる．実際には，具体的にどの積項を縮小すべきなのか，また，拡大する際にはどの変数に対して行うべきなのかなど，様々な工夫の余地があり，Espressoアルゴリズムは，論理合成によく現れる論理関数に対して，それらの工夫（ヒューリスティックス）を最大限行ってものであると言える．実際，クワイン–マクラスキー法が適用できる範囲の論理関数で比較しても，Espressoアルゴリズムは積項数で2, 3%程度劣るだけの解を高速に見つけられることが実証されており，その実用性は大変高い．Espressoアルゴリズムは数百変数からなる積和形論理式の簡単化も高速に行え，実設計ツールのなかで広く利用されている．

8.4 多段論理式最適化

　一般の論理関数を表現する際には，積和形の 2 段論理表現するよりも，AND, OR, NOT ゲートを自由に多段に組み合わせた多段論理の形で表現する方が，論理演算子の数が少なくなり，結果として論理回路内のゲート数も少なくすることができる．特に，加算や乗算など算術演算を含むような論理関数の場合には，積和形論理で表現しようとすると，積項の数が極めて多くなってしまうことが多い．例えば，

$$ace \lor ade \lor bce \lor bde \lor cf \lor df = (c \lor d)(e(a \lor b) \lor f)$$

が成り立つので，左辺の積和形論理式よりも，右辺の多段論理式の方が論理演算子が少なく，より簡単であると言える．論理式の形で表現された論理関数を実装した場合の面積の目安を計算する手法としてリテラル数がよく用いられる．リテラル数とは，論理式に現れる変数あるいは変数の否定の総数を数えたものである．例えば，上式の左辺のリテラル数は 15 であり，右辺のリテラル数は 6 となる．リテラル数はその論理式を実装した場合の回路面積に比例することが経験的にわかっているため，上式の場合，右辺に対応する回路の面積は左辺の半分以下であることがわかる．このように，多段論理式で表現した方が回路面積が小さくなる論理関数は非常に多い．以上は論理式表現に対する回路面積の評価法であるが，回路遅延については以下のように考える．一般に論理ゲートを通過する度に回路遅延は増加すると考えられる．このため，入力から出力にいたる論理ゲートの段数が遅延の評価尺度として適切であると考えられる．しかし，ゲートの種類によってその遅延時間は異なり，一般に入力数の多いゲートの方が遅延が大きい．このため，積和形論理式は必ず 2 段であるが，AND 部分も OR 部分も入力数は大きいので必ずしも遅延が小さいとは言えない．そこで，任意の論理式に対する遅延評価法として，その式をすべて 2 入力以下のゲートで実現できるように式を分解した後の段数を遅延の尺度として用いることが多い．上式の場合には，2 入力以下の論理演算に分解すると左辺は 5 段となり，右辺は 4 段となるため，遅延上も右辺の方が高速であると評価される．

　さて，多段論理式の簡単化を行うためには，Espresso アルゴリズムは積和形論理式のためのものであるため，多段論理式を扱う手法が必要になる．まず，多段の任意の論理式の表現形式を考える．Espresso アルゴリズムは極めて効率の

よいものであることを考慮すると、積和形論理式で表現された中間変数を任意に導入した形にするのがよいと考えられる。これは、一般にブーリアンネットワークと呼ばれるもので、例を図 8.4 に示す。(a) のように、中間変数 t_1, t_2 を導入することで多段論理を表現している。各々の中間変数は、他の変数からなる積和形論理式で表現しており、中間変数を定義する積和形論理式を Espresso アルゴリズムで簡単化することを念頭においている。(a) のブーリアンネットワークは、(b) のような論理式の形、(c) のネットリスト（論理回路）の形でも表現することができる。(c) では、.names で 1 つのゲートを表現しており、そのゲートが実現する関数の定義は真理値表の形で示している。"-" はドントケア (don't care) であり、0 でも 1 でも成り立つことを示している。このような多段論理式や回路の表現法は、カリフォルニア大学バークレー校で開発された論理合成ツール SIS などに広く利用されている。SIS はソースコードも含めて公開されており、論理合成の研究だけでなく、実際に設計現場で使われている論理合成ツールの基盤にもなっている。

　回路の仕様が真理値表で与えられる場合には、まず Espresso アルゴリズムで簡単化を行うが、結果は積和形論理式となる。しかしこれは、上式のように共通因数を括り出すことにより、多段論理式に変換することができる。図 8.5 に、ブーリアンネットワーク上での多段化の例を示す。ここでは、f_1 と f_2 を表す 2 つの積和形論理式の間の共通式として、$a \vee b$ を中間変数 t_1 として括りだす変換を行っている。この共通部分式を括りだす操作は論理式の除算と呼ばれる。

　論理式の除算とは、

$$f = gh \vee r$$

と表され、f を g で割った商が h で、余りが r となる。数値計算では、余り r は 0 または正数で、かつ g より小さいという条件を付ける事で、乗算が一意に決まる。しかし、論理式の場合、余りの論理式に適切な条件をつけることは難しい。これは、任意の論理式 p に対し、$p \vee \overline{p} = 1$, $p\overline{p} = 0$ が成り立つため、自由に等価な式変形ができるためである。一般に、論理式の除算の場合、h と r はユニークには決まらないが、それら h と r に制限をつけない除算のことを論理的除算と呼ぶ。多段論理式簡単化では、除算は論理的に行うことが好ましいが、最適な除算を見つけることは、上記のように式変形が自由にできるということから、非常に計算の手間が大きく、困難である。このため、通常小さい式（現

8.4 多段論理式最適化

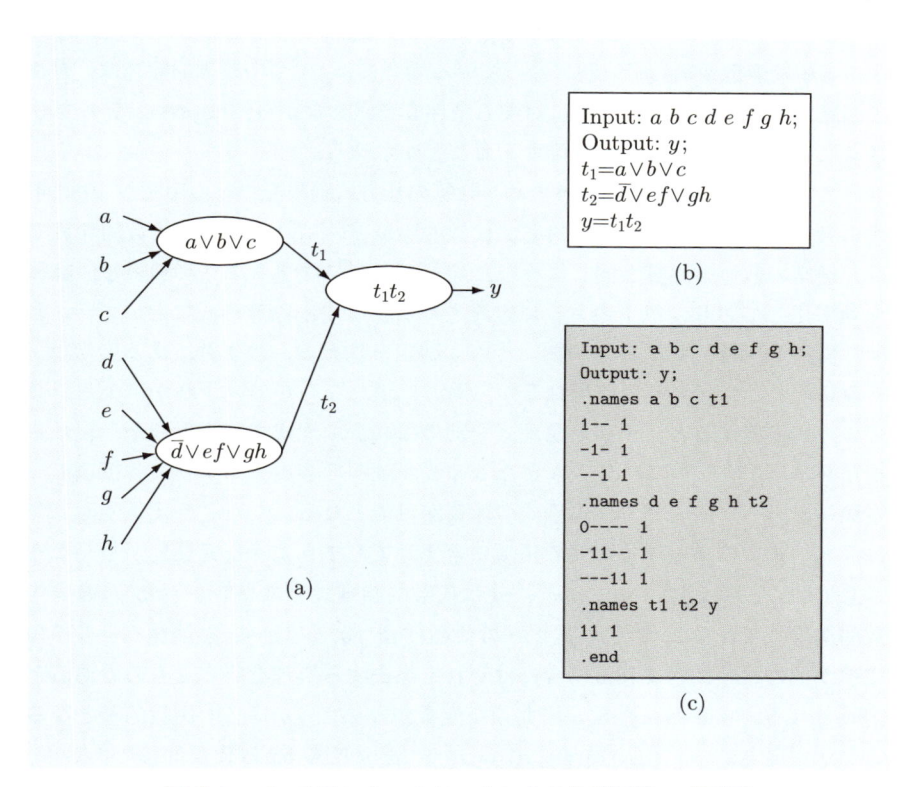

Input: $a\ b\ c\ d\ e\ f\ g\ h$;
Output: y;
$t_1 = a \vee b \vee c$
$t_2 = \bar{d} \vee ef \vee gh$
$y = t_1 t_2$

(b)

```
Input: a b c d e f g h;
Output: y;
.names a b c t1
1-- 1
-1- 1
--1 1
.names d e f g h t2
0---- 1
-11-- 1
---11 1
.names t1 t2 y
11 1
.end
```

(c)

(a)

図 8.4　ブーリアンネットワークによる論理回路の表現例

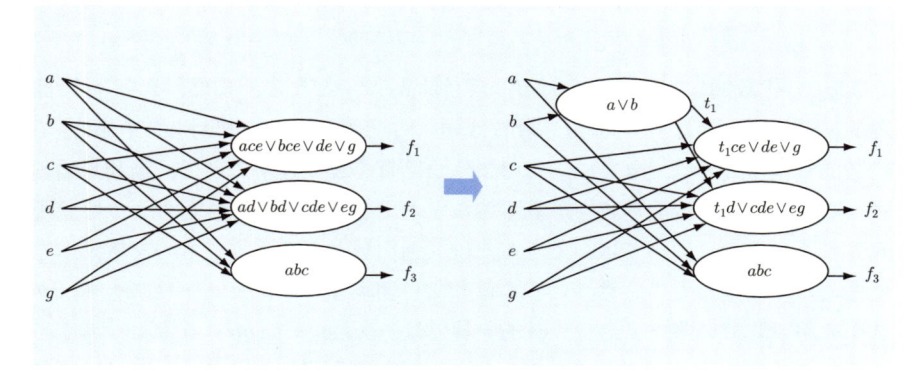

図 8.5　論理回路の多段化例

れる変数の数が少ない）論理式に限って，論理的除算が施される．多段論理式中の各中間変数が積和形表現になっている場合には，1つの論理的除算は，周りの回路から生成される各変数に対する条件も考慮しながら，Espressoアルゴリズムなどで最適化するのと等価であることが示せる．

そこで，除算を効率的に行うため，除算の仕方に制限をつける手法が1980年代に考案され，論理的除算に対し，代数的除算と呼ばれている．代数的除算では，通常の数値の除算と同じように，除算が一意に決まるように制限し，計算を効率化しており，以下のように定義される．まず，除算の式において，gとhに現れる変数に共通部分がないという制限を加える．つまり，ある変数はgのみに現れるか，hのみに現れるか，両方に現れないかのいずれかになる．このように定義すると，積和形論理式を別の積和形論理式で割る手間が，現れる積項数Mに対し$O(M \log M)$となることが証明できる．つまり，各積項を一定順にソートすることで，論理式の除算が可能となる．ただし，代数的除算では，元の式中のある積項が他の積項に含まれてしまうような冗長性がないようにしておく．例えば，$ab \vee abc \vee cd$は代数的論理式ではないが，$ab \vee cd$は代数的論理式である．代数式fとgの代数的積fgとは，fgを展開し，1つの積項が他の積項に含まれる場合にはそれを除去する処理を行ったものであると定義される．すると，fとgに共通な変数がないとfgは必ず代数的積となることが保障される．$(a \vee b)(c \vee d) = ac \vee ad \vee bc \vee bd$は代数的積であるが，$(a \vee b)(a \vee c) = aa \vee ac \vee ab \vee bc = a \vee bc$は代数的積ではない．

例として，次の論理式の除算を考える．

$$f = ad \vee ae \vee bcd \vee j, \quad g_1 = a \vee bc, \quad g_2 = a \vee b$$

fをg_1で代数的に割ると，商はd，余りは$ae \vee j$となる．また，fをg_2で論理的に割ると，商は$(a \vee bc)d$，余りは$ae \vee j$となる．これに対し，fをg_2で代数的に割ることはできない．このような除算を繰り返すことで，積和形論理式から効率よく多段論理式を計算することができる．この際，どのような論理式で割るべきかについては，できるだけ共通因数となるようなものを選ぶべきであるが，最適なものを見つけるのは非常に困難なので，ヒューリスティックスが利用されている．また，代数的除算では，$p \vee \overline{p} = 1, p\overline{p} = 0$などが考慮されていない．このため，主に乗算などの複雑な算術演算回路に対しては効果的

8.4 多段論理式最適化

な除算を行うことができない．このため，代数的除算はハードウェアにおいて主に制御回路の最適化手法として利用されている．

論理式の除算により，積和形論理式から多段論理式を生成することができる．また，設計者が直接多段論理式を仕様として記述することも多い．しかし，代数的除算を利用して生成された多段論理式や，設計者が直接記述したものは，式の中に冗長性がある場合も多い．単純な冗長性とは，式（あるいは，それを単純に AND, OR, NOT のゲート回路に変換したもの）の中のある部分が不用であり，それを取り除いても式や回路全体が表現する論理関数が変化しない場合である．また，現在は不用な部分がなくても，今の式や回路に冗長な式や部分回路を追加することで，他の部分でより大きな冗長性が生じ，それらを削除することで結果的に元の式や回路よりも小さいものが得られることもある．このような形で変換を施しながら，より小さい式や回路を得る作業を多段論理式（あるいは回路）簡単化処理と呼ぶ．図 8.2 に示したようなルールベースの多段論理式簡単化もこの種の変換により簡単化の比較的単純な一種であると言える．ここでは，例を用いて，この多段論理式簡単化手法について説明する．なおわかり易さのため，多段論理式を簡単化する場合でも，それを AND, OR, NOT などのゲート回路で表現したものを例として利用することにする．

図 8.6(a) の回路には冗長性はなく，どの接続を除去しても回路の出力の論理は変化してしまう．そこで，この回路に新たに冗長な接続を加え，結果的に生じる回路中の他の部分の冗長性を削除することで回路全体をより簡単なものに変換することにする．まず，現在の回路にどのような冗長性を追加すると，より大きな冗長性が他の部分で生じるかについては，前もって予測することは難しい．そこで，ヒューリスティックスに基づいて，一種，網羅的に冗長性と追加して，結果的に生じる他の部分の冗長性を除去するという作業を繰り返すことにする．いろいろ試行錯誤して，最も簡単になる変換を実際に施すという考え方である．(a) の回路に対しても，試行錯誤的に冗長な接続が追加できるかを調べていく．ここでは，何らかのヒューリスティックスで，(b) のように，ゲート 5 の出力からゲート 9 の入力への新たな接続を候補とするとする．つまり，この接続が冗長であるか否かを調べることになる．最も単純な方法は，(a) の回路と (b) の回路が全体として等価であるかを 2 分決定グラフ（BDD）や SAT 手法を利用して検証し，等価なら冗長な接続であると判断することである．しかし，これで

は各々の接続可能性をチェックする度に，回路全体の等価性を調べる必要があり，効率的ではない．回路全体を調べるのではなく，局所的に調べることで同様のことを実現する方法の1つに，背理法を利用するものがある．これは，新たな接続が冗長ではない，つまり回路全体の論理が変化すると仮定し，回路中の各ゲートの値を順次解析し，もし互いに矛盾が生じたとすると，元の仮定「新たな接続が冗長ではない」が間違っている，つまり，その新たな接続は冗長であることがわかるという推論を行う．そこで，図 8.6(b) の例の場合，ゲート 5 の出力からゲート 9 の入力に接続を新たに追加した場合に，出力 o_2 の論理が変化する場合はどういう場合かについて考える．ゲート 9 は AND ゲートであるため，新たな入力を追加することでゲート 9 の出力が変化するのは，元々の出力は 1 であったが，新たに追加した入力が 0 であるため，出力が 0 に変化する場合に限られる．元々ゲート 9 の出力が 0 であった場合には，どのような入力を追加してもゲート 9 の出力は 0 のままで変化しない．ゲート 9 の元々の出力が 1 であるためには，ゲート 8 の出力と外部入力 f の値は 1 でなければならない．また，ゲート 9 の出力が 0 に変化するには，新たにゲート 9 の入力に接続されるゲート 5 の出力が 0 でなければならない．つまり，ゲート 5 の出力は 0，ゲート 8 の出力は 1，入力 f は 1 の場合に限って，ゲート 5 の出力がゲート 9 の入力に新たに接続すると，出力 o_2 が変換することになる．背理法を用いてこのような状況は，外部入力にどのような値が入力されても決して実現しないことを示す．そのためには，これらの条件から出発し，各ゲートの入出力の論理的な関係（AND, OR, NOT など）から必然的に決まる値を順次推論していき，それらの値に矛盾が生じることを示せばよい．この場合，ゲート 5 の出力が 0 であることから，その入力となっているゲート 1 とゲート 2 の出力は両方とも 0 でなければならない．このことからゲート 4 の出力が 0 となることがわかる．これとゲート 8 の出力が 1 であることから，ゲート 7 の出力が 1 でなければならないことがわかる．するとゲート 3 とゲート 6 の出力はともに 1 でなければならない．ここで，ゲート 6 の出力が 1 でなければならなくなっていることを注意しておく．ゲート 3 の出力が 1 であることから，入力 a，入力 b ともに 1 でなければならない．入力 b はゲート 1 の入力にもなっており，ゲート 1 の出力が 0 でなければならないことから，ゲート 1 のもう一方の入力 d は 0 でなければならない．すると，ゲート 6 の入力は両方とも 0 ということになり，出力

8.4 多段論理式最適化

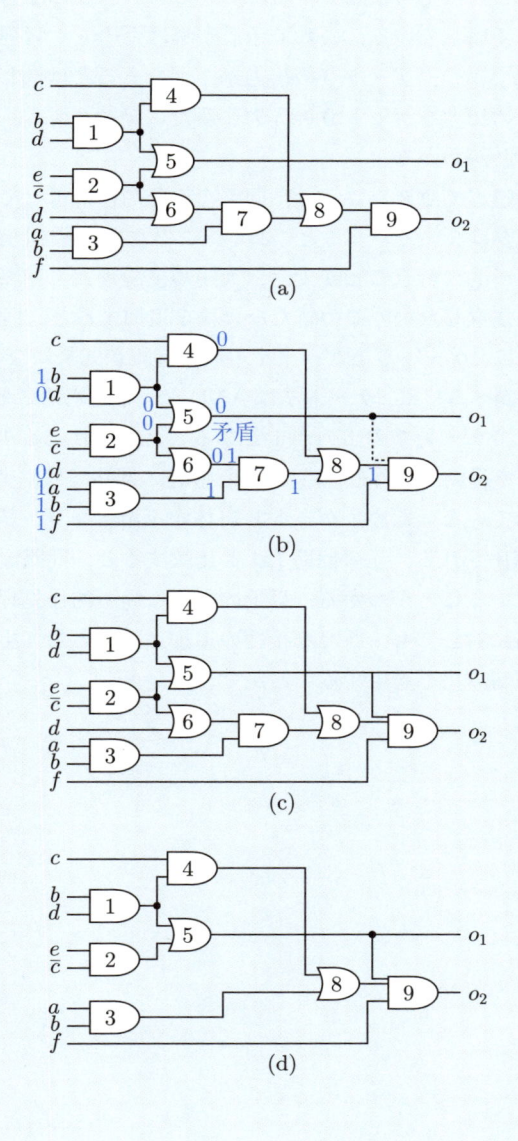

図 8.6 多段論理回路の簡単化例

も 0 となるが，これは上の推論で得られているゲート 6 の出力が 1 でなければならないことと矛盾している．これで矛盾が導けたので，背理法により，ゲート 5 の出力が 0 でかつ，ゲート 9 の出力が 1 となることは決してないことがわかり，ゲート 5 の出力をゲート 9 の入力に新たに接続しても，回路全体の論理は変化しないことがわかる．

　以上の推論の過程で重要なことは，回路を部分的に解析しており，決して全体を解析する必要はないということである．このため，元の回路が大きくても，同様な推論を局所的に行うことができ，大規模論理式（回路）に対しても適用できることに注意したい．この新たな接続を追加すると，回路は図 8.6(c) のように示すように，ゲート 6 とゲート 7 の間の接続が冗長になることがわかる．これを背理法で調べるには，ゲート 7 は AND ゲートであることに注意し，ゲート 6 の出力が 0 でゲート 7 の出力が 1 となることがありえるかを上と同じように局所的な解析を行い，矛盾を導けばよい．(c) の回路では，ゲート 6 の出力がどこでも使われていないため，ゲート 6 自体が不用となり，結果的に (d) のような回路に簡単化される．元の回路 (a) と比較すると，回路全体として，ゲート数も減少していることがわかる．以上のような局所的な処理を繰り返すことで，大規模回路に対しても，新たな接続の追加と結果として生じる冗長性の除去に基づく回路簡単化を適用することができる．

8.5　テクノロジマッピング

　論理合成における最後の処理ステップは，任意の論理式あるいは，論理回路を製造に利用する半導体テクノロジがライブラリとして提供しているゲートや複合ゲート（まとめてセルと呼ばれる）のみから構成される回路に変換するテクノロジマッピングである．通常，半導体ライブラリには，数百個以上のセルが登録されており，それらを使った論理回路はそのまま製造することができる．各セルごとに，その面積や遅延時間，消費電力などが登録されている．図 8.7 では，括弧内に面積のみ記している．しかし，任意の形式の論理式や論理回路は，そのままではこれらのセルとは直接対応が付かない場合が多く，テクノロジマッピング処理が必要となる．テクノロジマッピングでは，回路中の部分回路が半導体ライブラリのセルに対応付けられるか否かを高速に判定する必要がある．その判定を効率化するため，通常，元の任意の論理式や回路は一旦，2 入力 NAND（あるいは NOR）ゲートのみからなる回路に変換する．これは，AND ゲートは NAND ゲートプラス NOT ゲート，OR ゲートは入力 NOT ゲートを追加した NAND ゲートというように機械的に行える．図 8.7(a) にそのように 2 入力 NAND ゲートと NOT ゲートのみからなる回路に変換した例を示す．同図 (b) のように半導体ライブラリの各セルの方も同様に 2 入力 NAND ゲートと NOT ゲートからなる回路に変換しておく．このようにすべて，2 入力 NAND ゲートと NOT ゲートからなる回路に変換しておくと，部分回路とライブラリのセルが等価で置き換え可能であるか否かを回路の接続のされ方（回路のトポロジーと呼ぶ）が同じであるか否かによって判定できるため，非常に効率がよくなる．部分回路をセルで置き換えられるか否かの判定は，部分回路が実現する論理関数とセルが実現する論理関数の等価性を BDD や SAT 手法などで調べても可能であるが，その処理には時間がかかる．トポロジーの同一性だけで判定できれば，非常に効率がよいので，多くのテクノロジマッピングでは回路トポロジーの同一性判定をベースにした実装になっている．

　さて，同一回路に対して，同一の半導体ライブラリを利用する場合でも，テクノロジマッピングの結果は多数存在する．図 8.7(a) の回路に (b) のライブラリを利用してテクノロジマッピングする場合でも，同図 (c), (d), (e) のように様々なマッピングが可能であり，マッピングの仕方によって最終的な回路面積

（回路で使用しているセルの面積の和）が大きく異なる．テクノロジマッピング処理では，面積や遅延，それに消費電力をコスト関数として，それらあるいは，それらの組合せが最適になるようにマッピングしようとする．回路遅延や消費電力をテクノロジマッピング段階で正しく見積もることは，回路の配置・配線などにも大きく影響を受け，必ずしも容易ではないため，比較的簡単な指標（配線の長さはそのネットが何個のゲートにつながっているかのみで決まると仮定するなど）を利用して処理が進められる．したがって，テクノロジマッピングした後で，さらに上記で説明したような手法を利用した多段論理回路の簡単化処理を施すことも多い．一般の論理回路には，信号経路の再収斂がある．再収斂とは，1つの信号が複数のゲートの入力となり，その後，いくつかのゲートを通過した後，同じゲートの異なる入力となることで収斂することを指す．このような信号経路の再収斂がある場合には，最適なテクノロジマッピング処理には回路規模に対し指数時間を要することがわかっているが，信号経路の再収斂がない通常木構造と呼ばれる回路の場合には，回路を入力から出力まで一度辿るだけで，面積最小のテクノロジマッピング結果を得るアルゴリズムが開発されている．信号経路に再収斂がある場合でも，再収斂するところで回路を分割し，分割された個々の部分回路は木構造となることから，このアルゴリズムを適用することができる．この面積最小のマッピングを行った例を図8.8に示す．(a)の元の回路に対し，図に示す面積を持つセルライブラリを利用した面積最小のマッピング結果が(b)である．面積最小のテクノロジマッピングは，回路を入力から出力へ順次辿っていくことで求めることができ，基本的に動的プログラミング（dynamic programming）と呼ばれるアルゴリズムになっている．このため，処理の手間は回路規模に比例し，大規模回路に対しても，比較的高速にマッピングを実行することができる．図8.8(a)には，この面積最小のマッピング過程における，外部入力からそのゲートまでの部分回路に対する可能なマッピング結果をその部分回路に対する面積をコスト関数として括弧内に示している．

処理は，回路の入力から出力へ順に行っていくため，まず最初にゲート1について考える．これは，NANDゲートであるため，ライブラリの2入力NANDゲートのみがマッピング可能であり，結果として，外部入力からこのゲートまでの部分回路に対するマッピング結果は面積3となる（2入力NANDゲートの面

8.5 テクノロジマッピング

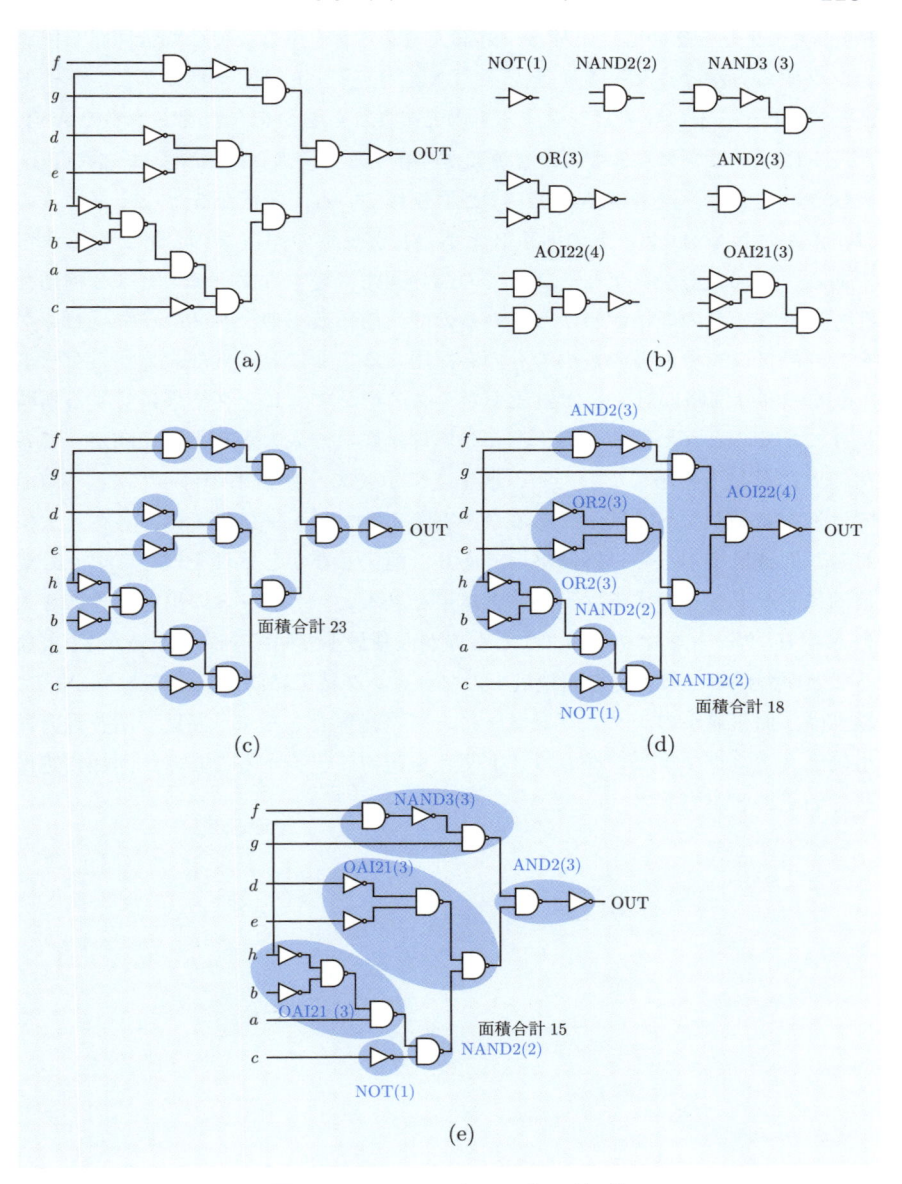

図 8.7 テクノロジマッピング処理

積).次にゲート2の処理に移る.外部入力からゲート2までの部分回路をマッピングする方法は,ゲート1を2入力NANDゲートにマッピングし,ゲート2をNOTゲートにマッピングするものと,これら2つを合わせて1つのANDゲートにマッピングするものの2種類が存在する.前者は図8.8では,NOT(5)と示されており,後者はAND2(4)と示されている.面積が5となっているのは,2入力NANDゲートの面積3とNOTゲートの面積2の合計となるからである.外部入力からゲート2までの部分回路に対するマッピングは2種類存在し,それぞれの面積がわかっているので,面積最小のテクノロジマッピングを行う際には,それらの最小のものを採用することにし,外部入力からゲート2までの部分回路に対する面積最小のテクノロジマッピング結果に対する面積は4であることがわかる.以下,この処理は順次,入力から出力に向かって各ゲートに対して適用していくと,図(a)に示すような結果が得られる.図(a)では途中結果がすべて残してあるが,実際のマッピング処理では,各ゲートに対し,面積最小のもの以外は不用であり,消去しながら処理を進めていく.最終的にゲート8に対するマッピング結果を見ると,ゲート8の出力部分に2入力NANDゲートをマッピングするものが面積最小で回路全体の面積が11となることがわかる.最終的な面積最小のマッピング結果は同図(b)のようになる.以上は,面積最小のテクノロジマッピングの基本であるが,遅延や消費電力最小のテクノロジマッピングもコスト関数を適切に定義することで,同様に処理していくことができる.

8.5 テクノロジマッピング

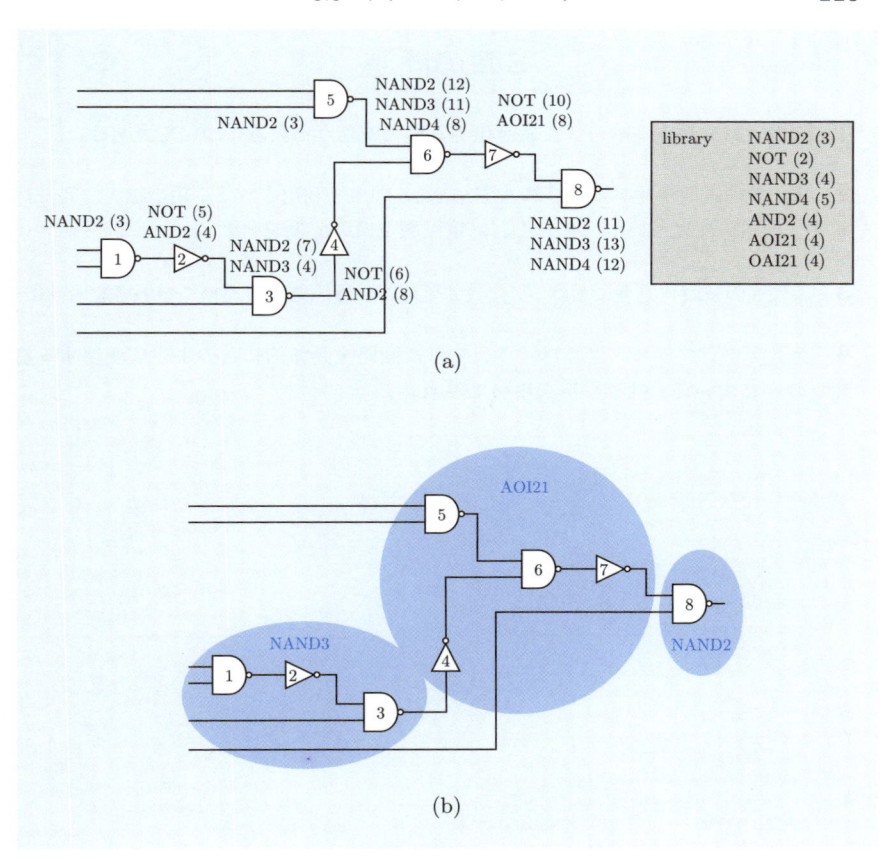

(a)

(b)

図 8.8 テクノロジマッピング例

8章の問題

☐ **1** 論理回路をルールベースで最適化する場合の利点と欠点について説明せよ．

☐ **2** 積和論理式簡単化アルゴリズム Espresso の中で利用される，項の拡大，冗長性除去，縮小操作について，それぞれ簡単な例を用いて説明せよ．

☐ **3** 論理式の多段化処理における，代数的処理と論理的処理の違いについて説明せよ．

☐ **4** テクノロジマッピングとは，与えられた回路を具体的にどのように変換する処理なのかについて，簡単な例を用いて説明せよ．

9 レイアウト処理

　テクノロジマッピングされた論理回路を VLSI 上に配置し配線する処理はレイアウト処理と呼ばれる．VLSI 設計の場合，多数のゲートからなる回路を扱うため，自動処理が必須である．概略の配置を決めるフロアプランから始め，具体的な配置と配線経路を決めていく．この際のコスト関数は，最終的な配線長が用いられることが多い．大規模回路に対しても効率よく実行できるアルゴリズムが必要となる．

> **9 章で学ぶ概念・キーワード**
> - 自動配置・配線
> - MIN–CUT 法
> - 迷路法

9.1 レイアウト処理の自動化とセミカスタム設計

VLSIチップ内に，前章の論理合成手法などを利用して生成した，半導体ライブラリに登録されているセルを配置し，それらセル間を正しく配線する処理のことをVLSIのレイアウトという．レイアウト処理は，基本的に配置処理と配線処理からなり，ほとんどの場合，まず配置を行ってから，次に配置されたものの間と間を配線していく．セルを配置する場所，あるいは，それらを配線する経路を制限を付けず，自由に配置・配線を行う設計スタイルは**フルカスタム設計**と呼ばれている．一見自由に配置・配線するのが普通であると考えられるが，この配置・配線処理を計算機により自動化することを考えると，このフルカスタム設計は容易には実現できない．一般に計算機を利用した最適化処理全般に言えることであるが，扱う問題の自由度が大きいほど，探索空間が大きくなりすぎて，最適な解あるいは良質な解を得るのは難しくなる．一方，より高性能なVLSIを設計するという立場からは，配置・配線に制限を付けず，最適なレイアウト，つまり全体の面積が小さく，かつ個々の配線もより短いようにしたい．しかし，フルカスタム設計の場合，計算機による自動化は困難であるため，人手で設計することになる．したがって，先端マイクロプロセッサのような大規模なチップのフルカスタム設計に対しては，多人数による人手設計が必要になり，設計のためのコストは非常に大きくなる．現在，フルカスタム設計されている大規模チップは，汎用マイクロプロセッサなどごく一部に限られている．

設計効率化の面からは，配置・配線処理の計算機による自動化は必須である．そこで，利用するセルの形状に一定の制限を加え，かつ，それらの配置・配線の仕方も限定された，**セミカスタム設計**が広く利用されている．セミカスタム設計の考え方を図9.1に示す．まず，半導体ライブラリの各セルの形状に制限を加える．スタンダードセルと呼ばれるセミカスタム設計では，図9.1上のように各セルの高さを一定にする．各セルの幅は自由に決めてよい．このようにすると，これらのセルを横に並べると同じ高さのため，図に示すように一列に並ぶことになる．そして，配線はそれらセルの列の間に領域を取り，そこで行うようにする．このような配置・配線についての制限を加えることにより，配置問題，配線問題それぞれを最適化する計算量が比較的小さく，高品質な各種アルゴリズムの開発が可能となり，レイアウト作業の自動化が図れるようになる．

9.1 レイアウト処理の自動化とセミカスタム設計

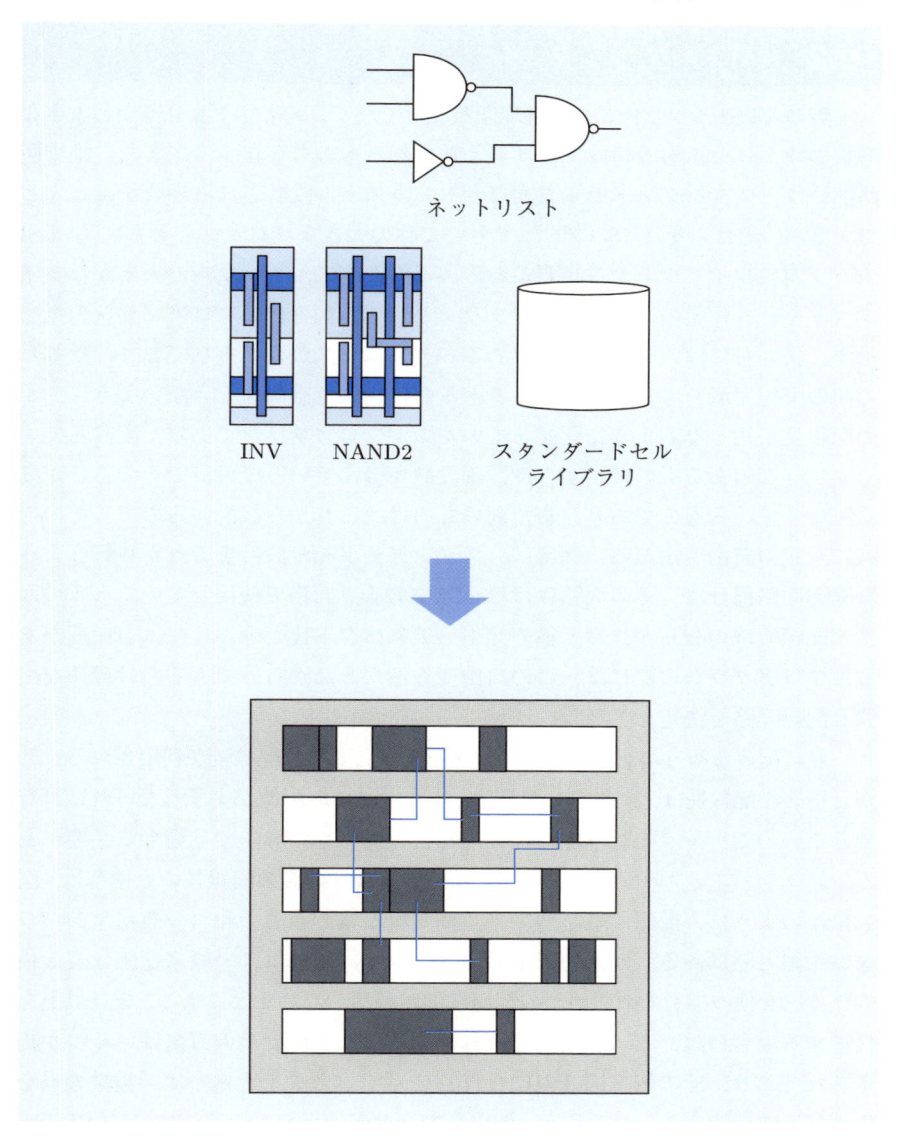

ネットリスト

INV　NAND2　スタンダードセルライブラリ

図 9.1　セミカスタム設計

9.2 フロアプラン処理

　実際の VLSI チップ内には，論理回路だけでなく，メモリや演算器など大きな形状のマクロセルあるいはブロックと呼ばれるものも存在する．また，制御回路部分は，スタンダードセル方式などセミカスタム設計される場合がほとんどであるが，それらを 1 つのブロックとして他の大きなブロックとともに，VLSI チップ内にレイアウトする必要がある．このように，チップ内の大まかなレイアウトを行う作業のことをフロアプランという．図 9.2 にフロアプランの例を示す．図の左には，チップ内に収めるべきブロックが与えられており，それらの間の配線領域を考慮しながら，できるだけ空いた空間ができないように，かつ配線長が短くなるように配置していくのがフロアプランである．配置していくブロックのあるものは，すでに詳細設計が済んでいる既設計でその形状が既に決まっているものであり，また別のものは，これから設計するので，その形状に一定の自由度がある．例えば，スタンダードセル設計をこれから行うような制御回路部分は，その面積はほぼ一定である（回路で使用しているセルの面積と配線領域の和）が，縦と横の比率（**アスペクト比**と呼ぶ）には自由度がある．フロアプランの際には，この自由度も活かしながら，できるだけ最適な配置と配線経路を決定していく．

　一般に配置を行う場合には，そのコスト関数として，配線長が利用される．しかし正確な配線長は，すべてを配置し，またすべての配線が完了しなければ計算できないので，配置を行う際には，配線長を何らかの方法で見積もる必要がある．2 つのブロックの配置が決まった時に，それらの間の配線長の見積りは，図 9.3(a) のように，配線する 2 つの地点間の縦と横の距離の和（一般に**マンハッタン距離**と呼ばれる）が適切であると考える．これは，一般に配線は縦と横のラインを使って行われ，斜めの配線は通常利用しないことによる．3 点以上を接続する場合には，どのように考えればよいだろうか．その方法はいくつか提案されており，その例を図 9.3(b) と (c) に示す．**スタイナ木**とは，複数の点を接続する木構造のグラフのうち，配線長の合計が最小のものを指す．VLSI チップ内の配線は，通常縦と横にラインを作って構成されるので，エッジが縦または横になるものの中で配線長の合計が最小になるものの配線長は見積りとする．あるいは，図 (c) に示すように，配線すべき点すべてを囲む長方形の縦と横の

9.2 フロアプラン処理

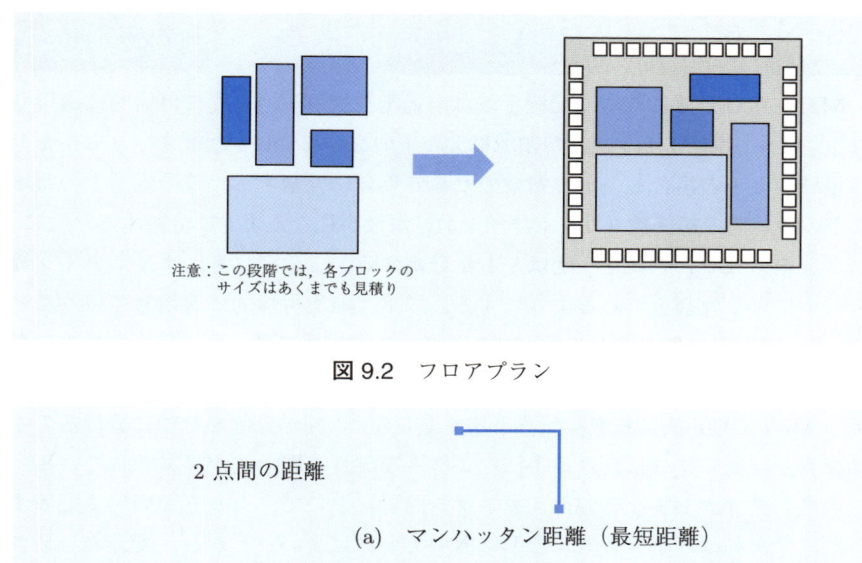

注意：この段階では，各ブロックのサイズはあくまでも見積り

図 9.2 フロアプラン

2点間の距離

(a) マンハッタン距離（最短距離）

複数点間の距離

(b) スタイナ木

(c) 全点を囲む最小矩形の半周

図 9.3 仮想配線長

長さの和を配線長の見積りとすることもできる．このような配線長の見積りは，フロアプランを行う際の評価関数として，多数回計算されるので，比較的計算時間が短くなるように必要に応じて近似も行いながら，利用されている．

9.3 配置処理

MIN–CUT 法に基づく配置手法は，通常，図 9.4 のように再帰的に適用される．まず，VLSI チップ内の領域は上と下の 2 つに分け，配置すべきセルを上の領域のセルの集合と，下の領域のセルの集合に分割する．この際，上の領域と下の領域間の接続数（カットライン数）が最小になるように分割する．次に，上と下の領域それぞれを今度は左右に分割する．この際にも，カットライン数を最小にする分割を求めるようにする．以下，順次再帰的に適用していくことで，1 つの領域に属するセル数が減少していく（単純には 1 回の操作で半分になる）ので，ある程度小さくなったところで分割を終了する．以上は，非常に単純な MIN–CUT 法に基づく配置手法であるが，1 回の分割を 2 つに分けるのではなく，一度に 4 つに分ける手法など様々な改良発展手法が提案されている．

スタンダードセルなどのセミカスタム設計において，セルを隙間無く配置するだけであれば，単に各セルを順に置いていけばよい．しかし，配線のし易さを考慮せずにただ順に置いていくと，配線処理においてより大きな配線領域が必要になってくる．したがって，配置における基本的な考え方は，配線し易いように配置する，ということになる．配置におけるコスト関数としてよく利用されるのは，見積もった配線長の総和，あるいは，遅延最小化のため，最大配線長やそれらの組合せである．しかし，これらの配線長の見積りは配置が概ね決定しなければ，正しく評価することは難しい．そこで，配線のし易さという観点から，配置するセルをいくつかのグループ（クラスタとも呼ばれる）に分け，それらグループ間の接続数を最小化する MIN–CUT 法がよく利用されている．例えば，9 個のセルを配置する場合，図 9.5 に示す例のように，配置の仕方，あるいはグループの分け方によって，VLSI チップ内を縦，あるいは横に交差する接続数（カットライン数と呼ぶ）が異なってくる．このカットライン数を最小化するのが MIN–CUT 法の基本的な考え方である．カットライン数がより小さい方が，配線し易い，あるいは配線のための領域をより小さくできる可能性が高いが，一方，総配線長は図に示すように，必ずしも最小になるとは限らない．しかし，一般的には配線し易い配置を得ることができ，MIN–CUT 法に基づく配置手法は広く利用されている．

9.3 配置処理

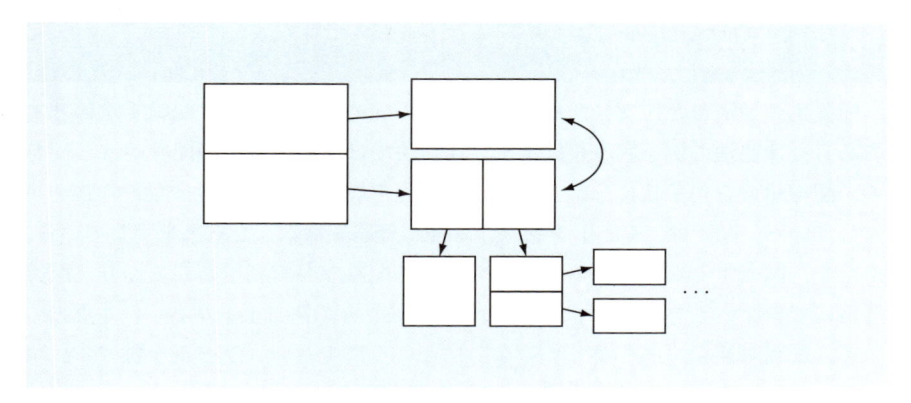

図 9.4 MIN–CUT 法

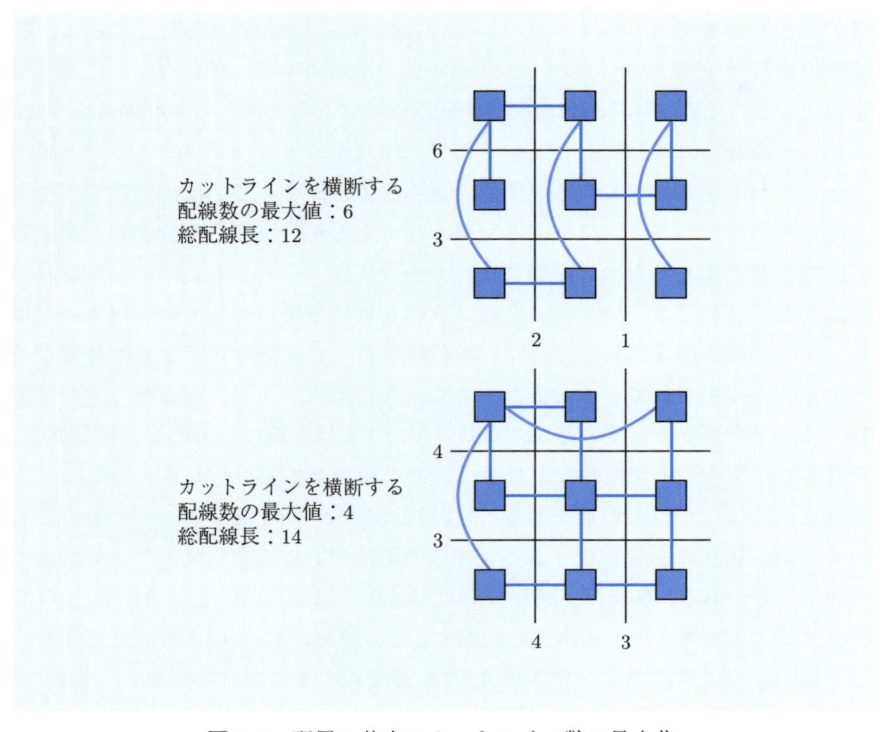

カットラインを横断する
配線数の最大値：6
総配線長：12

カットラインを横断する
配線数の最大値：4
総配線長：14

図 9.5 配置の基本：カットライン数の最小化

9.4 配線処理

配置処理が済むと，次に配置されたセルの間の配線を行う．配線手法の基本である，**迷路法**の例を図 9.6 に示す．迷路法では，他の多くの配線手法と同じく，配線領域を格子状に分割し，格子上の点を順に辿りながら，配線経路を決定していく．図では，S と T を接続する配線経路を探索した結果を示している．ただし，図で黒くなっている点はすでに他の配線などで利用されており，配線経路にできないとする．まず，S から出発する．S の隣（上下左右）の 4 点について，配線可能な（黒くなっていない）ところに 1 というラベルを付ける．次に 1 とラベルがついた地点の隣の点ですでにラベルがついておらず，かつ配線可能な点に 1 より 1 つ大きい 2 というラベルを付ける．以下，順次この処理を T に到達するまで繰り返す．ラベルを付け終わった結果が図 9.6 左である．次に今度は T から順にラベルが 1 つずつ小さくなるように，図右のように S まで辿っていき，その結果得られた経路が配線経路になる．図からもわかるように，このような経路は多数存在しているので，何らかのヒューリスティックスでそこから 1 つを選ぶことになる．実際，迷路法では，すべての配線経路を求めることができるため，非常に強力な配線手法であるが，反面，配線経路を格子状に分割する必要あるため，配線長が長い場合には，必ずしも効率的に配線経路を求めることができない．そのため，ラベル付けを隣に対してのみ行うのではなく，縦と横方向全体に一度のラベル付けを行うラインサーチ法など様々な改良や拡張が提案されている．また，上で述べた配線は 1 つの配線層ですべて配線することを前提としているが，実際の VLSI では配線のための層は複数あり，それらすべてを使って配線すればよく，そのための拡張も行われている．

迷路法には 1 つ難しい点がある．迷路法は基本的に配線を 1 つずつ処理していくため，相互に影響し合うような複数の配線がある場合には，うまく配線できないことがある．例えば，図 9.7(a) に示すように A と A，B と B，C と C を接続することを考える．迷路法で配線すると，例えば C と C の配線をまず行うと，図 (b) のようになり，もはや A や B を配線することはできない．しかし，最初に A と A や B と B の配線を行っても，C の配線はできなくなる．つまり，迷路法を単純に適用したのでは，これらすべてを配線することはできない．一方，図 (c) に示すようにこれらすべてを配線することは可能である．これは，迷

9.4 配線処理

路法ではいつも配線長最小のものを探しているために起きる問題であり，図の例などをうまく配線できるようにする改良手法も開発されている．

スタンダードセルなどセミカスタム設計などでは，セルを配置する領域と配線のための領域が明確に区分されている．このような場合，配線領域では，配線のためのチャネルを縦，あるいは横に明示的に定義して配線を行うチャネル配線法もよく利用される．配線のためのチャネル数が大きくなるとそれだけ配線領域が大きくなることになる．図 9.8 にチャネル配線法の例を示す．図 (a) に示すように，チャネル数 3 で配線したいとする．また，1 から 4 まで 4 つの配線を行うとする．一般にチャネル配線では，配線層が 2 つあるとし，1 つを縦の配線に，もう 1 つを横の配線に利用する．そして，縦と横の配線はビアで接続する．このため，ビアがなければ，縦と横が交差してもつながらない．チャネル配線では，まず図 (b) のように，各配線が水平にどれだけの領域が必要か

図 9.6 迷路法

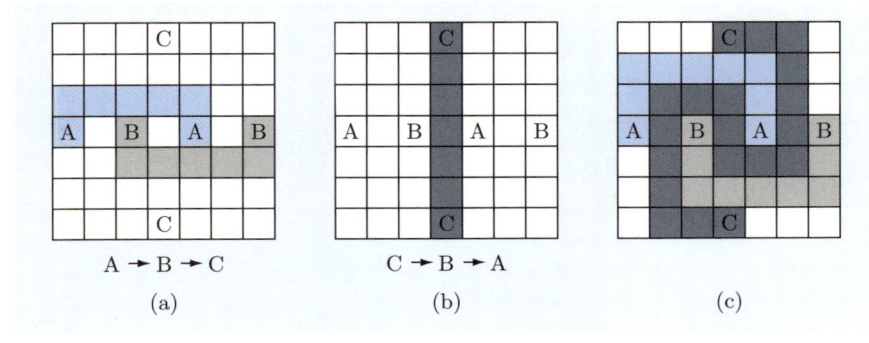

図 9.7 迷路法で工夫の必要な例

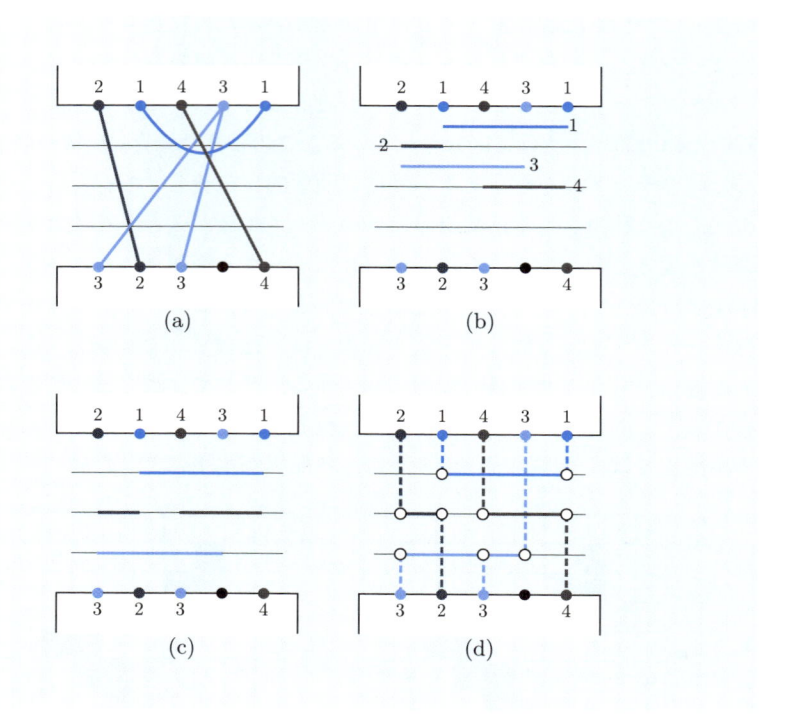

図 9.8 チャネル配線法

を求める．その結果，交差しない領域を持つ配線同士は，横のチャネル（配線のためのラインでトラックとも呼ばれる）を共有できることがわかる．そこで，できるだけチャネルを共有し，必要となるチャネル数が少なくなるように図 (c) のように各配線をチャネルに割り当てる．そして，最後の縦の配線をビアによる縦と横の配線の接続を行うことで，配線を完了する．以上は，最も単純な場合のチャネル配線手法であり，実際の配線処理では，各種改良拡張を施されてチャネル配線手法が利用されている．

9章の問題

☐ **1** フルカスタム設計を自動的にレイアウトすることの難しさについて説明せよ．

☐ **2** フロアプラン処理がその後で行われる詳細配置処理と異なる点について，問題処理の定式化の観点から説明せよ．

☐ **3** 簡単な例を用いて MIN–CUT 法に基づく配置処理について説明せよ．

☐ **4** 簡単な例を用いて迷路法に基づく配線処理について説明せよ．

10 タイミング解析と最適化

　計算を実行するには時間を要する．加算や乗算などの算術演算でも，論理和や論理積などの論理演算でもそうであるし，また，単位データをあるレジスタから異なるレジスタへデータ転送するだけでも時間が必要である．このような論理回路中の計算やデータ転送の実行時間，あるいは別の見方で言うと，論理回路の遅延時間を解析することをタイミング解析と呼ぶ．また，タイミング解析結果に基づき，論理回路やその配置・配線を最適化することをタイミング最適化と呼ぶ．本章では，このタイミング解析や最適化技術に関し，論理回路を対象としたものについて説明する．

> **10章で学ぶ概念・キーワード**
> - 最大・最小遅延
> - フォールスパス
> - 回路変換による遅延調整

10.1　回路の遅延

　AND, OR, NAND, NOR などの基本ゲート素子には必ず，入力から出力に値が伝搬する遅延がある．もっとも基本的な NOT ゲートに対する遅延を示したものが，図 10.1(a) である．入力が 0 から 1，そして 1 から 0 へと変化すると，ゲートの内部遅延時間である delay 分だけ遅れて，出力がその否定演算結果である，1 から 0，そして 0 から 1 へと変化する．本章では，わかり易さのため，信号値が 0 から 1 へ立ち上がる場合と，1 から 0 へ立ち下がる場合が同じ遅延であるとして説明していくが，実際のタイミング解析では立上りと立下りの遅延時間は異なり，両者を区別した解析が行われる．信号の伝搬遅延はゲート素子だけでなく，配線にも生じる．図 10.1(b) に示すように，ゲートの出力 Y から 2 つのゲートの入力 C, D に接続がある場合，Y から C, D へ信号が伝搬する遅延が存在する．Y の値の変化が遅延時間後に C, D に伝わっていく．したがって，論理回路中の組合せ回路部分全体に対する遅延は，ゲートの遅延と接続（ネット）の遅延を合わせたものとなる．

　しかし，ゲート内部の遅延とそれらを接続するネットの遅延を別々に示すと複雑になる．そこで，ネットの遅延については，それに相当する遅延を持つ何もしない仮想的なゲート（バッファ）を挿入することで，ゲートのみに遅延があるようにする．さらに，個々のゲートの遅延も出力側にその遅延に相当するバッファがあるとすれば，遅延はすべてバッファにあるとしてタイミング解析を行うことができる．例えば，図 10.2(a) に示すように，各ゲートの出力側にそのゲートの遅延に相当する遅延を持つバッファ，入力側にそのゲートへ接続されているネットの遅延に相当する遅延を持つバッファを挿入する．このようにすると，図 10.2(b) のように，各ゲートの入力と出力に付けられたバッファを含んだものを 1 つのゲートとして考えることにより，ゲートのみに遅延があるとしてタイミング解析することができる．

10.1 回路の遅延

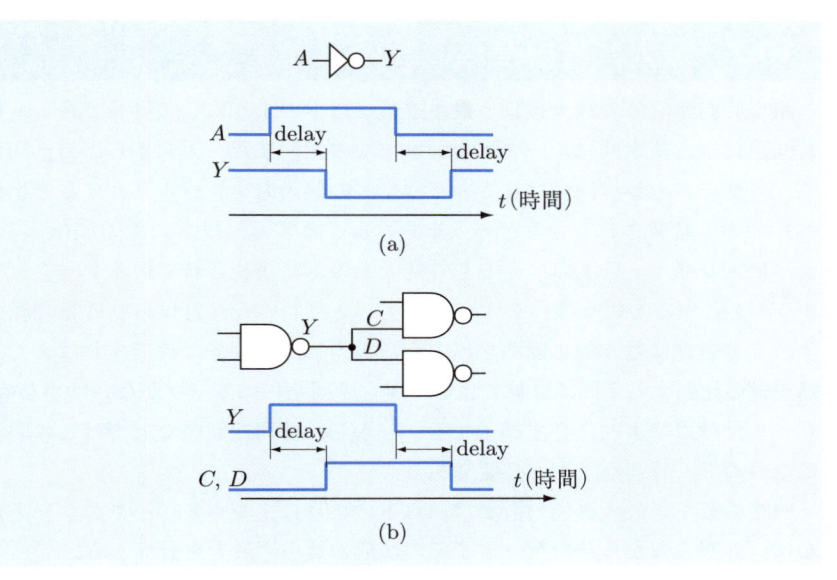

図 10.1 論理回路の遅延

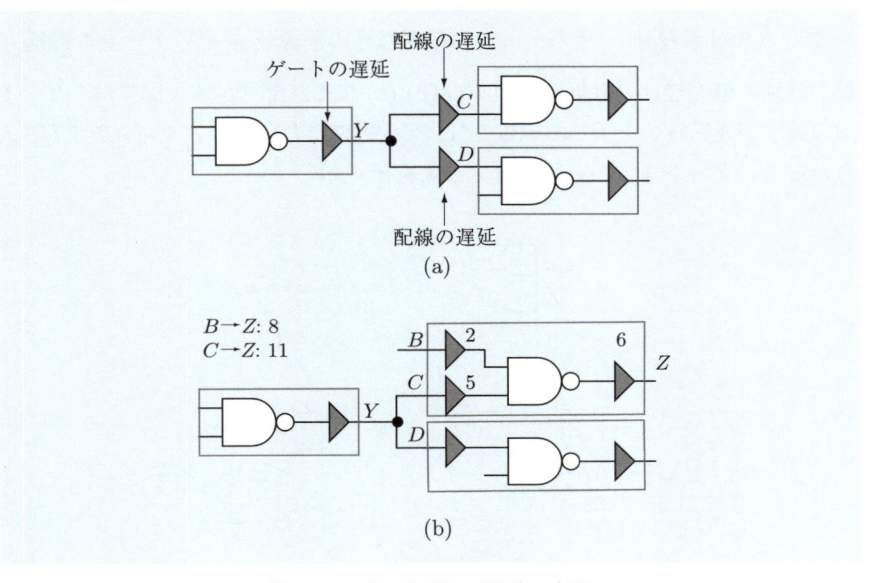

図 10.2 論理回路の遅延の表現

10.2 最大／最小遅延の計算

組合せ回路部分の**最大遅延**と**最小遅延**は以下のようにして計算できる．組合せ回路には，基本的にループはないはずなので，また，入力から出力へ向かって，各ゲートをレベル付けしていく．まず外部入力をレベル 0 とする．次にレベル 0 のみ接続されているゲートをレベル 1 とする．以下，図 10.3(a) に示すように，レベル i 以下のゲートや外部入力のみに接続されているゲートをレベル $i+1$ とするという操作をすべてのゲートにレベルが付けられるまで繰り返す．この処理は基本的に回路を出力から入力に深さ優先で探索すればよく，回路規模の比例する手間で計算できる．組合せ回路にはループがないはずなので，レベル付けは基本的に必ず終了する．しかし，非同期回路などではこの限りではないので，特別な工夫が必要である．

回路の最小／最大遅延の計算は，以下のように，レベルの小さいゲートから順に，外部入力からそのゲートまでの遅延の最小／最大を計算する．

ゲートの最小遅延 ＝ そのゲートの最小遅延の最小値 ＋ そのゲートの遅延

ゲートの最大遅延 ＝ そのゲートの最大遅延の最大値 ＋ そのゲートの遅延

最小遅延／最大遅延の計算例を図 10.3(b),(c) にそれぞれ示す．図では，ゲート内の数字が遅延時間を示しているとし，ゲートの出力側についている数字が，入力からそのゲートまでの最小遅延／最大遅延を示している．

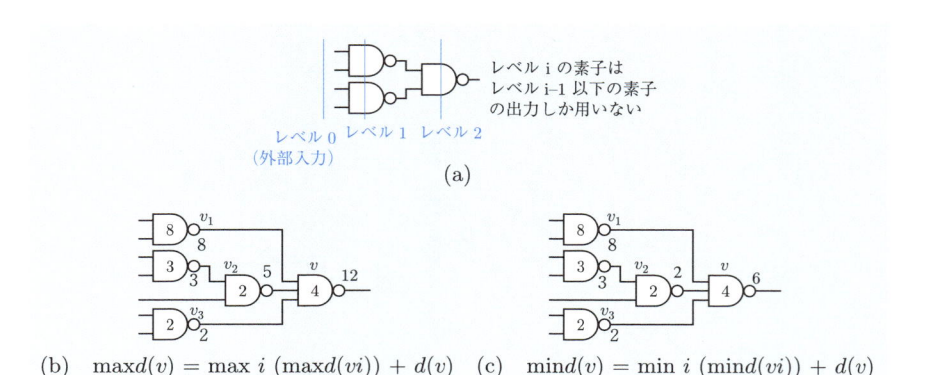

(a) レベル i の素子はレベル $i-1$ 以下の素子の出力しか用いない

(b) $\max d(v) = \max i\, (\max d(vi)) + d(v)$

(c) $\min d(v) = \min i\, (\min d(vi)) + d(v)$

図 10.3 最大／最小遅延の計算

10.3 フォールスパス問題

前節のようにして計算される最小／最大遅延は，一般にトポロジカルな遅延時間と呼ばれている．これは，遅延時間の計算が，回路の接続のされ方のみを考慮していることによる．しかし，このトポロジカルな最小／最大遅延時間が実際には起こりえない場合もある．トポロジカルな遅延時間の計算では，入力から出力へのすべての信号経路にしたがって信号が伝搬することができるという仮定があるが，実際の回路では必ずしもそうであるとは限らない．回路の接続上はつながっている信号伝搬経路でも，論理的に決して信号が伝搬しない場合があり，**フォールスパス**と呼ばれている．例えば，キャリーを高速伝搬させる付加回路の付いている加算器として，キャリーバイパス加算器やキャリールックアヘッド加算器などがあるが，これらにおいては，最下位の桁からオーバーフローのキャリーが生成される信号経路を信号が伝搬することは決してない．そのようなキャリーが発生する場合には，別途用意されたキャリー計算専用の回路部分で計算が行われているはずであり，順番に桁あげ信号が伝搬することはない．例えば，図 10.4 に示す加算器において，キャリーイン信号 c_0 から図中の青線の通り信号が伝搬して，キャリーアウト信号 c_2 に信号が伝搬していくことがないことは，以下のように回路を解析することでわかる．青線のように信号が伝搬していくには，c_2 に接続されているマルチプレクサの 0 入力が出力に伝搬する必要があるが，それのためにはマルチプレクサの制御入力が 0 でなければならない．それは AND ゲートの出力なので，その AND ゲートの少なくとも片方は 0 でなければならない．つまり，回路中の信号 p_0 か p_1 の少なくとも 1 つは 0 でなければならない．しかしそうすると，それらが接続されている AND ゲートのどちらかの出力は 0 という値に決まってしまい，図の青線のようには信号は伝搬しない．このように論理的な解析により，信号が決して伝搬しないことが証明できる信号経路のことをフォールスパスと呼ぶ．正確なタイミング解析を行う上では，このようなフォールスパスを取り除いた，最小／最大遅延時間を計算する必要がある．上述のトポロジカルな計算では，このようなフォールスパスも含めて計算しているので，フォールスパスがある場合には，実際の遅延時間よりも，より小さい最小遅延時間，より大きい最大遅延時間となる．

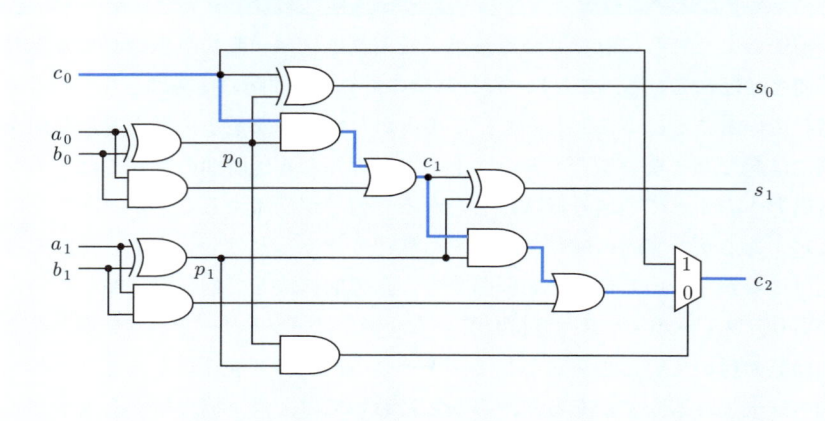

図 10.4 フォールスパス

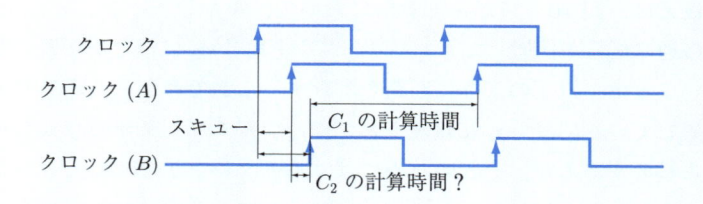

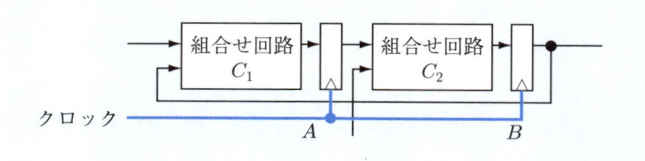

図 10.5 クロックスキュー

10.4 同期式順序回路とクロック

順序回路は，入力が決まると出力が決まる組合せ回路の出力の一部をフリップフロップやレジスタと呼ばれるメモリ素子を通して入力へ帰還させた構造になっている．組合せ回路の出力の一部をメモリ素子を通して入力に戻すことで，現在の入力だけでなく，過去の入力にも依存して出力が決まるようになる．同期式順序回路では，このメモリ素子がクロックと呼ばれる，外部から与えられる一定間隔で 0 と 1 を繰り返す信号の立上り（あるいは立下り）のタイミングで入力の値を取り込み，それを出力の値として次の立上り（あるいは立下り）まで保持するという動作を行う．

大規模回路の場合，回路中の各フリップフロップを起動しているクロックが正確に同時刻に到着するとは必ずしも言えない．このようにクロック信号の到着時刻が異なることは**クロックスキュー**と呼ばれる．図 10.5 に例を示す．2 つのフリップフロップ A, B のクロック信号は，VLSI チップ外から供給される信号からの配線長が異なるため，一般に B の方が A よりも遅くクロック信号が到着することになる．この差のことをスキューと呼ぶ．組合せ回路 C_1 は遅いクロックで起動されるフリップフロップからの信号を入力とし，早いクロックで起動されるフリップフロップへ出力している．一方，組合せ回路 C_2 は早いクロックで起動されるフリップフロップからの信号を入力とし，遅いクロックで起動されるフリップフロップへ出力している．したがって，一般に組合せ回路 C_1 に許される最大遅延時間は，組合せ回路 C_2 に許されるものよりも小さく，それだけ高速な回路を設計する必要がある．ここで，1 つ注意したいのは，組合せ回路 C_2 の遅延時間が短く，クロックスキューの差よりも小さいと，図 10.5 に示すように 1 サイクル早くフリップフロップに出力が伝わってしまう．このように最小遅延時間に関する制限も考慮して設計する必要がある．

10.5 タイミング解析

前節で述べたように，VLSIを正しく動作させるためには，組合せ回路部分の遅延時間を調整する必要があり，それはタイミング最適化と呼ばれる．図10.6に示すようにタイミング最適化は設計の各段階で行われる．まず，論理合成の結果得られる論理回路レベルでのタイミング最適化が行われる．この段階では，配線長などは不明であるため，主に各ゲートの遅延情報や配線長の見積もりにより遅延を計算する．次に配置・配線処理を施し，その後さらにタイミング最適化を施す．いずれの場合も，タイミング最適化を施しても，遅延時間が長過ぎるあるいは短すぎるなど，仕様や設計者の要求を満たさない場合には，設計の前段階に戻り，回路生成をやり直すなど，設計の大幅な修正をすることになる．特に，レイアウト後に遅延時間の問題がある場合には，回路中の問題のある部分の情報をレイアウト前のタイミング最適化処理に戻し，タイミング最適化をその情報に沿ったものへ変更する必要がある．これは一般に，**バックアノテーション**（**back annotation**）と呼ばれている．

タイミング最適化を施すには，回路中のどの部分の遅延時間を調整する必要があるかを見極める必要がある．回路中の各ゲートが遅延時間上どの程度重要であるかを示す尺度として，スラックが使われる．一般に組合せ回路のタイミング最適化では，最大遅延と最小遅延の両方を調整する必要があるが，ここでは簡単のため，最大遅延の調整，つまり，最大遅延を減少させることを考えていく．回路中の各信号，つまり，各ゲートの入出力の遅延時間について，2種類考える．1つは**到達時間**（**arrival time**）と呼ばれ，回路の入力から各信号に値が到着する時刻を示す．一般に回路の仕様として，その回路に入力が到着する時刻（arrival time）が指定されるとともに，その回路の出力に値が到達すべき時刻が **required time**（**要求時間**）として指定される．回路に対するrequired timeとはその回路の許される最大遅延時間となる．回路中の各信号に対するrequired timeとは，回路全体のrequired timeを満たすためには，その信号の値がいつまでに決定していなければならないかを示す．したがって，回路中のあるゲートの出力のarrival timeは，そのゲートの各入力のarrival timeの最大値にそのゲート内の遅延時間を加えたものになる．これに対し，回路中のあるゲートの出力のrequired timeは，その出力が接続されている各ゲートの入力の

required time から，考慮する必要がある場合には配線の遅延時間を差し引いたものの最小値になり，またゲートの入力の required time は，そのゲートの出力の required time からそのゲート内の遅延を差し引いたものになる．また，各信号に対するスラックとは，その信号に対する required time から arrival time を引いたものとして定義される．ある信号の arrival time は値がそこに到達する時刻を表しているため，仕様から要求される時刻である required time よりも arraivel time が大きい，つまり，スラックがマイナスになる場合には，仕様を満たす時刻までに回路が動作しないことを示し，回路をより高速にしなければならないことを表している．つまり，タイミング最適化の目標は回路中からマイナスのスラックをなくすことである．

スラックの計算例を図 10.7 に示す．括弧内の数字は前者が arrival time を後者が required time を表している．図の回路がある回路の部分回路であり，信号 a, b の arrival time をそれぞれ 3, 4 としている．また，ゲート遅延を 1 とすると信号 c の arrival time は信号 a, b の arrival time の大きい方プラス 1 となり，

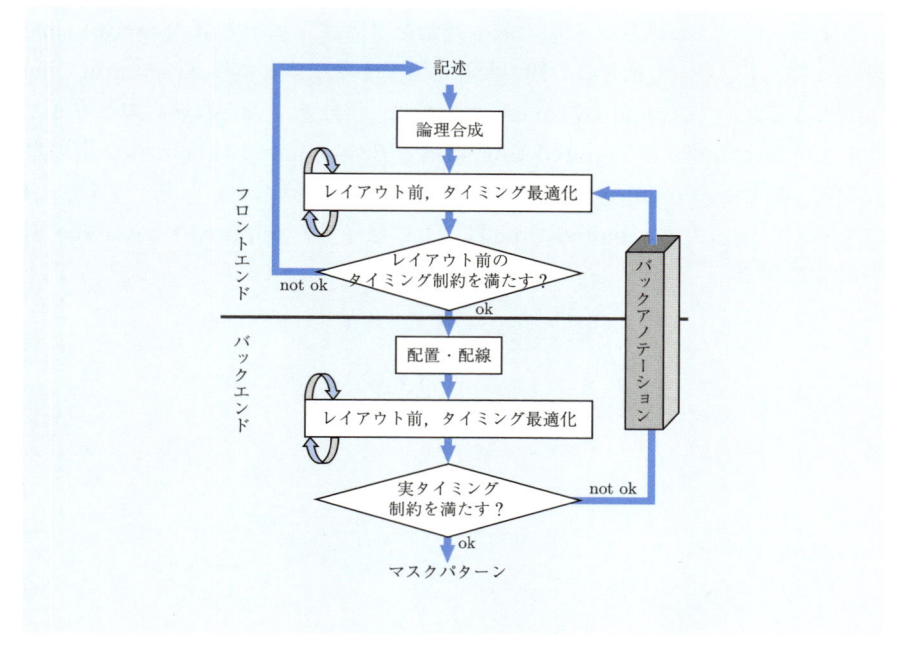

図 10.6　タイミング最適化

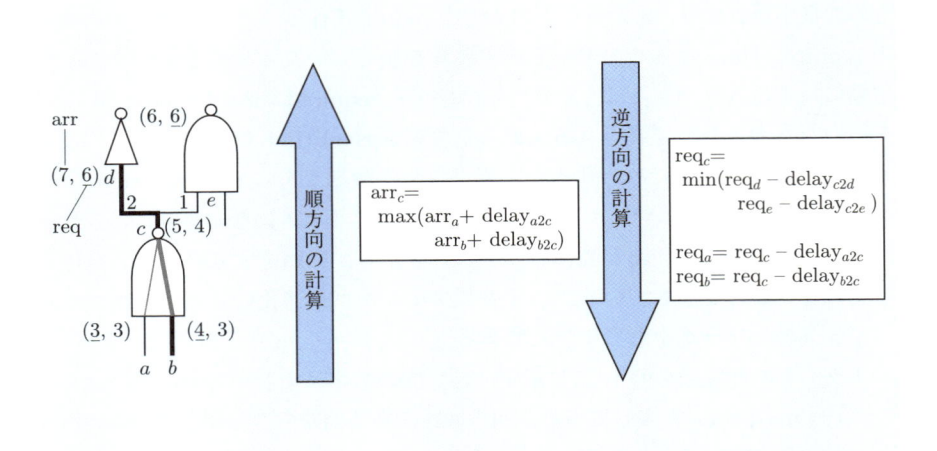

図 10.7 スラックの計算

5 となる．信号 c と信号 d の間の配線遅延を 2 とすると信号 d の arrival time は 7 となり，信号 c と信号 e の間の配線遅延を 1 とすると信号 e の arrival time は 6 となる．一方，required time については，信号 d, e のそれを両方とも 6 とする．すると信号 c の required time は信号 d の required time から 2 引いたものと，信号 e の required time から 1 引いたもののうち小さい方，つまり，4 になる．信号 a, b の required time はともに信号 c の required time から 1 引いた 3 になる．

10.6 タイミング最適化

　一般にタイミング最適化処理においては，回路の中で遅延に最も影響している部分を取り出し，その部分を回路変換などの処理で遅延時間を調整するという作業を繰り返す．スラックの値がすべて 0 以上であれば，最大遅延時間は回路の仕様を満たしていることになるので，タイミング最適化を施す必要はない．逆にスラックがマイナスになっている部分は何らかの回路変換を行う候補となる．タイミング最適化処理では，**クリティカル領域（critical region）** という概念が用いられる．これは，最大遅延時間に関してはスラックも最も小さい（マイナスで絶対値が最も大きい）回路部分であると定義される．また，**クリティカルパス（critical path）** とは，回路中最大遅延を実現する信号パスを指す．したがって，タイミング最適化は一般に，図 10.8 に示すように，まずタイミング解析を行ってスラックを計算し，クリティカルな回路部分を抽出し，それをより遅延時間の小さいものへ変換する．その結果回路のスラックがよくならなかった場合には，その回路変換をキャンセルし，他の変換や回路部分に変換を施していく．スラックがよくなった場合でも，スラックがマイナスである限り，可能な限り回路変換を繰り返していく．

　タイミング最適化のための回路変換には様々なものが利用されている．図 10.9 に典型的なものを示す．(a) に示すように，4 入力 NAND ゲートを 2 入力 NAND ゲートを利用して実現する場合，左のようにバランスして実現することも，また右のように特定の入力の段数を小さくするように実現することもできる．こ

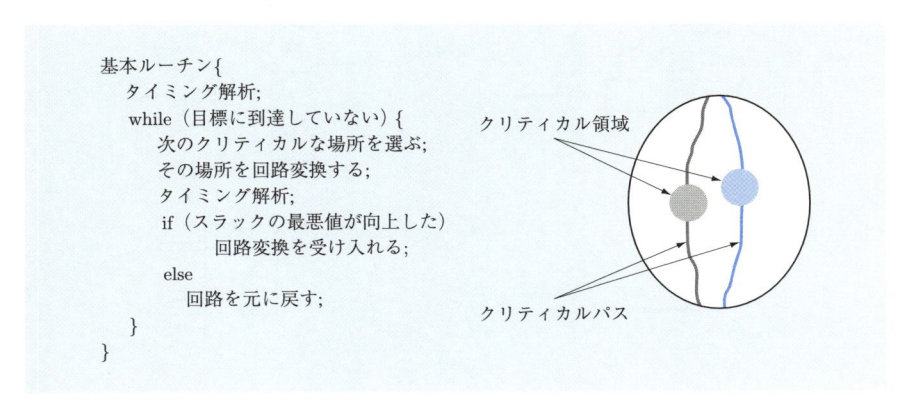

```
基本ルーチン{
    タイミング解析;
    while（目標に到達していない）{
        次のクリティカルな場所を選ぶ;
        その場所を回路変換する;
        タイミング解析;
        if（スラックの最悪値が向上した）
            回路変換を受け入れる;
        else
            回路を元に戻す;
    }
}
```

図 10.8　タイミング最適化の基本ルーチン

140   第 10 章 タイミング解析と最適化

れを利用してよりスラックが大きくなるものが利用される．また，(b) に示すように，1つのゲートでも入力ピンごとに出力への遅延時間が異なることも多い．このような場合には，(a) と同様に入力を交換することでスラックを調整することができる．一般に，同じ機能のゲートでも，内部で使用するトランジスタの大きさを変えることで消費電力は大きくなるが遅延時間が小さい同機能のゲートが何種類か用意されていることも多い．このような場合には，クリティカルパス上にできるだけ大きなトランジスタのゲートを利用することで遅延時間を減少させ，スラックを調整することができる．また，配線が長いまたは，多数のゲートに接続されているような配線では，バッファを挿入して信号の電気的

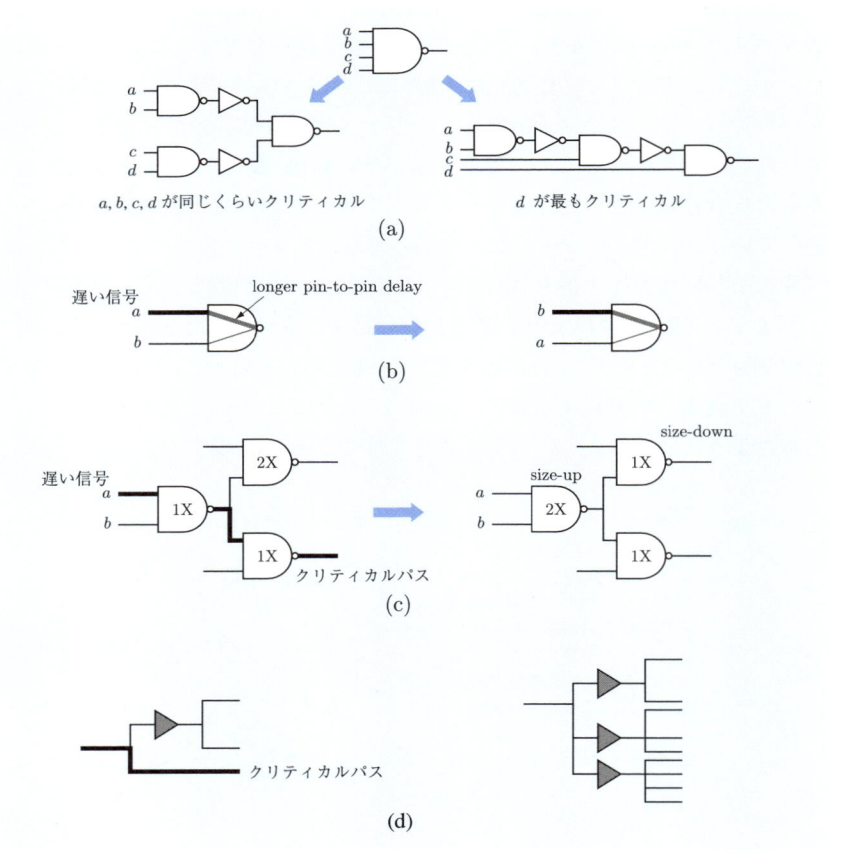

図 10.9 タイミング最適化のための回路変換

10.6 タイミング最適化

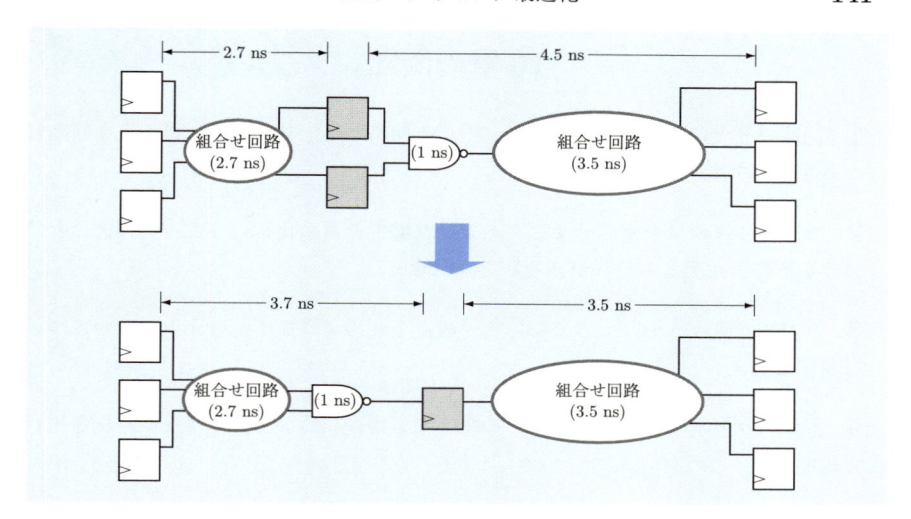

図 10.10 リタイミング

な駆動力を向上させ，遅延時間を減少させることができる．(d) に示すように，このバッファの挿入の仕方を適切にすることによって，スラックを調整することができる．

組合せ回路ブロックが複数あるような回路の場合，同期回路である限り，同一のクロック信号をすべてのブロックに供給する．したがって，複数ある組合せ回路ブロックの遅延時間が不均一である場合には，それらのうちの最大遅延に合わせてクロック周期を決定することになる．そこで，組合せ回路ブロック間の最大遅延時間ができるだけ近くなるように，回路変換することが考えられる．具体的には，遅延時間が大きい回路ブロックから回路の一部を遅延時間の小さい回路ブロックに，フリップフロップを跨ぐ形で移動する．これは，一般にリタイミング（retiming）と呼ばれる回路変換手法である．図 10.10 に例を示す．上の回路では，2 つの回路ブロックの遅延がそれぞれ，2.7 ns, 4.5 ns と大きく異なる．この場合，クロック周期は 4.5 ns 以上にする必要がある．そこで，下の回路のように，1 つの NAND ゲートをフリップフロップの右から左に移動させれば，2 つの回路ブロックの遅延時間がそれぞれ，3.7 ns, 3.5 ns となり，クロック周期を 3.7 ns まで小さくできる．リタイミングを行うと一般にフリップフロップ数が変化する．図の例でもフリップフロップが 2 個から 1 個に減少している．

10章の問題

☐ **1** 回路の最大遅延と最小遅延が等しくなる回路とは，具体的にどのような回路になるか．例を用いて説明せよ．

☐ **2** フォールスパスを考慮せずにタイミング解析と最適化を行うと，具体的にどのような不都合が生じる恐れがあるかを説明せよ．

☐ **3** クロックスキューが大きくなると，設計上どのような不都合が生じるかについて説明せよ．

☐ **4** 回路のクリティカルパスとはどのようなものかについて，簡単な回路例を用いて説明せよ．

11 シミュレーション

　設計の正しさを確認する検証作業は VLSI 設計において，最も重要でかつ，最も時間のかかる作業の 1 つである．設計検証手法の基本は設計記述の動作を計算機で模倣し，その結果を確認するシミュレーションであり，設計の各段階で行われている．本章では，シミュレーション技術の基本について説明する．

> **11 章で学ぶ概念・キーワード**
> - イベントドリブン方式シミュレーション
> - コンパイル方式シミュレーション
> - カバレッジ

11.1 設計の動作確認とシミュレーション

　設計の動作を確認する手段として，設計がどのように振る舞うかを計算機上で模倣するシミュレーションが広く利用されている．特に設計論理的な動作，つまり，各信号値がどのように更新されていくかを計算することは，論理シミュレーションと呼ばれている．一般のディジタル回路は 0, 1 の 2 値で設計されており，各信号の値も 2 値ということになる．一般に論理回路の電源を入れると，各フリップフロップやメモリの値は，特定の値にいつもなるとは限らず，0 値と 1 値が確率的に発生する．つまり，どちらの値になるか予測できない．そこで，回路を動作させるために，各フリップフロップの値が特定の値になるように，リセットと呼ばれる処理を予め行ってから，実際の動作を開始するようにする場合が多い．しかし，すべての値をリセットする必要がない場合には，リセットされず，0 値か 1 値のどちらの値で処理が開始するか予測できないフリップフロップを持つ設計も多い．このような設計をシミュレーションするには，値が不明であるということを示す値を導入する必要がある．一般にこのような値は X という記号で示され，**ドントケア値**と呼ばれる．ドントケア値は値が不明であるということであるため，例えば，X 値と 1 値の AND 論理を計算すると結果は X 値となる．しかし，X 値と 0 値の AND 演算結果は必ず 0 となる．また，X 値の否定は，やはり不定値となるため，X 値となる．このように，論理シミュレーションでは，0 値，1 値以外に X 値も利用することが多い．さらに，ある種の回路の動作を表現する際には，電気的に 0 値とも 1 値とも言えない値が必要になる場合もあり，**ハイインピーダンス値**として Z 値もよく利用される．このように，解析したい回路の性質に合わせて，様々な種類の値を利用した論理シミュレーションが利用されている．

11.2 イベントドリブン方式シミュレーション

　設計の動作を計算機で模倣するシミュレーションは，高位設計記述（C 系言語記述），レジスタ転送レベル（RTL）記述，論理回路レベル，そしてトランジスタレベルと，設計の前段階において，設計検証の最も基盤となる技術として，広く利用されている．本章では，論理回路に対するシミュレーション技術について説明していく．論理回路をシミュレーションする基本的な手法として，イベントドリブン方式とコンパイル方式がある．イベントドリブン方式とは，回路中の値が変化した部分のみを順に計算していくもので，以前と同じ値を持つ信号については値が変化するまで計算の対象としない方式を指す．ここで，値の変化のことをイベントと呼んでいる．図 11.1 にイベントドリブン方式シミュレーションの実行例を示す．各イベントはイベントキューと呼ばれるバッファに登録される．イベントキューは一般に先頭と最後が結合されたバッファで図下に示すようにサイクリックになっている．シミュレーションを始める前に，回路の入力に関するイベント，つまり，回路の入力の値の変化をイベントキューに登録しておく．図の例では，時刻 1 に信号 a が 0 から 1 に変化すること，信号 e が時刻 5 に 1 から 0 に変換することが登録されている．イベントドリブン方式シミュレーションでは，イベントキューの先頭のイベントを取り出す．図の例では，信号 a に関するイベントが取り出され，信号が接続されているゲートに関し，出力 d が変化するかどうかを調べる．この場合，信号 d がゲートの遅延時間である 2 時刻後に 1 から 0 に値が変化することがわかるので，新規イベントとして，イベントキューに登録する．このイベントは，時刻 3 に起こるので，信号 e に関するイベント（時刻 5 に起きる）の前に登録する．以下，イベントキューから先頭イベントを取り出し，そのイベントからゲートの値が変化するか否かを調べ，変化する場合を新規イベントをイベントキューに登録する作業を繰り返していく．そして，イベントキューにイベントがなくなれば，その時点でシミュレーションが終了する．一般に，VLSI の各信号のうち，ある時刻に値が変化するのは，全体の 5 から 15% 程度であることが，経験的にわかっており，イベントドリブン方式シミュレーションでも全体の 5 から 15% 程度についてのみ，信号値の計算が行われることになる．

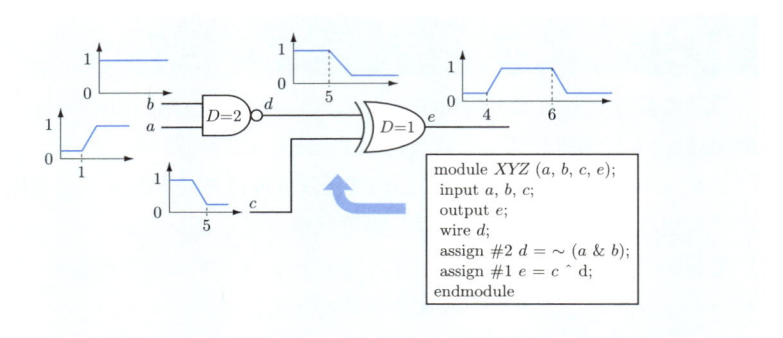

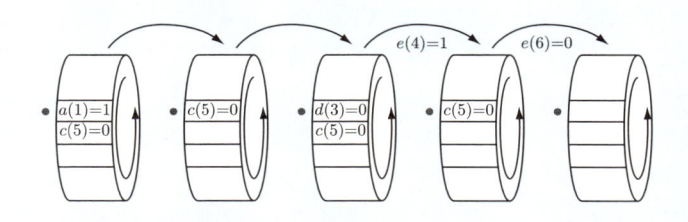

```
module XYZ (a, b, c, e);
  input a, b, c;
  output e;
  wire d;
  assign #2 d = ~ (a & b);
  assign #1 e = c ^ d;
endmodule
```

図 11.1 イベントドリブン方式シミュレーション

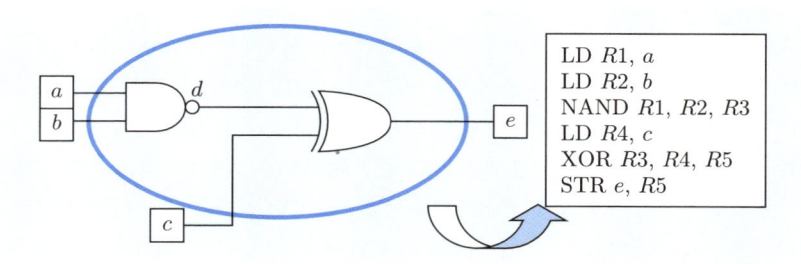

図 11.2 コンパイル方式シミュレーション

```
LD R1, a
LD R2, b
NAND R1, R2, R3
LD R4, c
XOR R3, R4, R5
STR e, R5
```

図 11.3 実際のハードウェアとの協調シミュレーション

11.3 コンパイル方式シミュレーション

　発生するイベントのみについてゲートの値を確認するのではなく，各時刻において，すべてのゲートの値について，一定順にいつも計算する方式はコンパイル方式シミュレーションと呼ばれる．コンパイル方式シミュレーションの実行例を図 11.2 に示す．この例では，NAND ゲートの後に EXOR ゲートが接続されているので，まず，NAND 論理を計算し，それから EXOR 論理を計算するプログラムを自動的に生成し，そのプログラムを実行することで，シミュレーションを行う．図では，回路に対応するアセンブラのプログラムを生成している．このようにコンパイル方式シミュレーションでは，各時刻ですべてのゲートについて順に値を計算していくため，イベントドリブン方式シミュレーションよりも，値を計算するゲート数は多い．しかし，個々のゲートの値を計算するための手間がイベントドリブン方式よりもかなり小さいので，結果的にシミュレーション速度としては，コンパイル方式シミュレーションの方がイベントドリブン方式よりも高速であることが多い．一方，イベントドリブン方式シミュレーションでは，イベントに時刻も含まれるため，詳細な遅延時間を考慮したシミュレーションを行うことができるが，コンパイル方式シミュレーションでは，それは難しいという特徴がある．

　実際の設計では，設計している VLSI は他の素子と一緒に動作させる場合が多い．このような場合，他の素子も新規設計される場合もあるが，すでに存在する素子をそのまま利用することもある．図 11.3 に示すように，すでに存在する素子を実際に動作させ，新規設計分は計算機上でシミュレーションできると全体の動作を確認できるため，設計効率を向上させることができる．これは一般的に **ICE**（**In Circuits Emulation**）と呼ばれ，実際のハードウェアと計算機が協調してシミュレーションを行っていることになる．

　計算機によるシミュレーション結果は，そのままではテキストあるいは数値の羅列になっており，設計者にとってわかり易いものではない．そこで，図 11.4 に示すように，波形の形に自動的に変換して，設計者に示すことがよく行われている．この波形を表す形式も多くの場合統一されており，VCD（Value Change Dump）と呼ばれる形式などがよく利用されている．

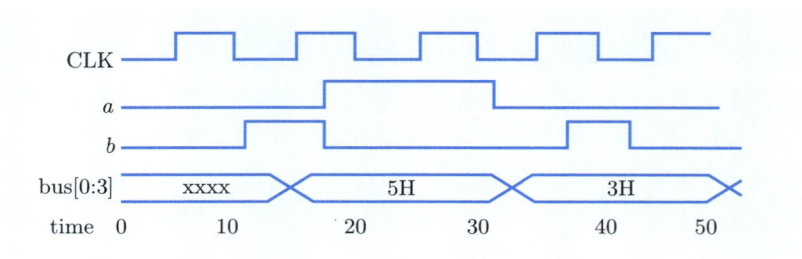

図 11.4 シミュレーション結果の表示

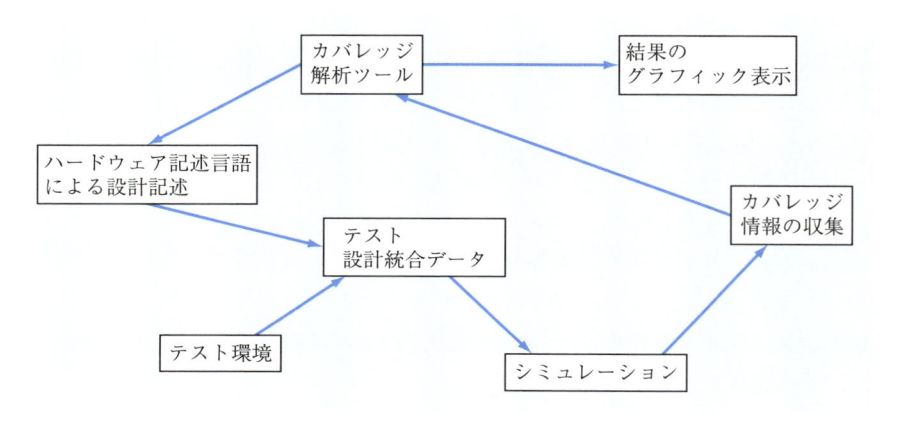

図 11.5 シミュレーション処理の流れ

```
if ( a < 0 )
e = c - d;
else
e = c + d;
end

if ( b > 0 )
e = e + 1;
end
```

1. $a < 0, b > 0$ を満たす値でシミュレーション
   ステートメント・カバレッジ: 66.7%
   分岐カバレッジ: 50%

2. $a \geq 0, b > 0$ を満たす値でシミュレーション
   ステートメントカバレッジ: 100%
   分岐カバレッジ: 75%

3. $a > 0, b \leq 0$ を満たす値でシミュレーション
   ステートメントカバレッジ: 100%
   分岐カバレッジ: 100%

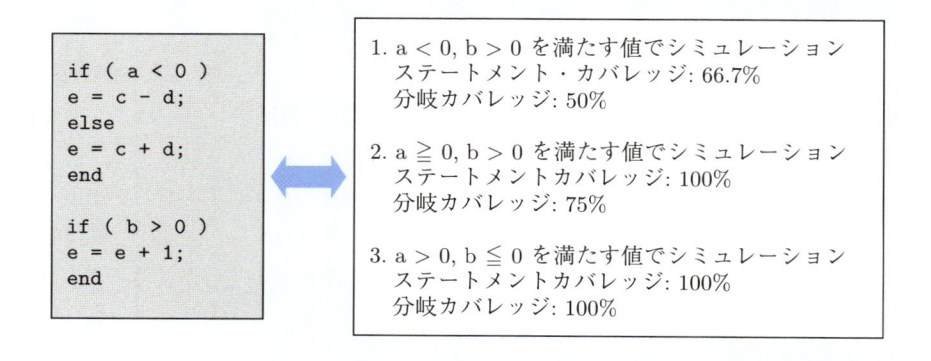

図 11.6 シミュレーションカバレッジ

11.4　シミュレーションカバレッジ

　シミュレーションを利用して設計検証を行う際には，いつまでシミュレーションを実行していけば，設計が正しいと確認できたことになるのか，という問題がある．設計の正しさを完全に確認するためには，可能なすべての場合についてシミュレーションする必要があり，現実には不可能である．そこで，今までに行ったシミュレーションがシミュレーションで調べるべき全体に対して，どれくらいの場合をカバーしているかを示すカバレッジが利用される．シミュレーションを利用した設計検証の流れを図 11.5 に示す．図からわかるように，カバレッジ解析とシミュレーションを繰り返しながら，より高いカバレッジになるようにシミュレーション作業を進めていく．**カバレッジ**は，設計記述に対して定義されることが多く，最もよく利用されるものに，**行カバレッジ**と**分岐カバレッジ**がある．行カバレッジは，設計記述の行全体のうち，何%の行がシミュレーションにより実行されたかを示し，**分岐カバレッジ**は，設計記述中の分岐 (if 文や case 文) のどれだけが実行されたかを%で示す．図 11.6 にカバレッジの計算例を示す．図の左の文に対し，右のような各シミュレーションを行った場合の計算結果が示されている．まず，$a<0, b>0$ を満たすような a, b の値でシミュレーションすると，2 つの if 文とも then 部分が実行されるため，行カバレッジは 2/3 (最初の if 文の else 部分が実行されていない)，分岐カバレッジは両方の if 文とも then 部分が実行されているので，1/2 となる．次に $a \geqq 0, b>0$ を満たす a, b の値でシミュレーションすると，最初の if 文では else 部分が実行されるので，行カバレッジは 100%となり，分岐カバレッジは 3/4 となる．そして，$a<0, b \leqq 0$ を満たす a, b の値でシミュレーションすることにより，2 つ目の if 文でも else 部分が実行され，結果として行カバレッジ，分岐カバレッジとも 100%となる．このように一度シミュレーションを行って，その結果の各種カバレッジを計算し，カバレッジの低いものを高くするためのシミュレーションをさらに行うということを繰り返しながら，シミュレーション処理を進めていく．

　現在，先端 VLSI のクロック周期は数百 MHz から数 GHz になっているが，上記のように計算機上でのシミュレーションでは，数 Hz から数十 Hz の速度しか得られない．そこで，設計している回路を実際にフィールドプログラマブ

ゲートアレイ（FPGA）などのプログラマブルな素子上で実現しそれを動作させることで一種のシミュレーションを行う，エミュレーションと呼ばれる技術もよく利用されている．エミュレーションは設計をFPGA上で実現することを指しており，シミュレーションに比較するとエミュレーションではその準備に時間を要する場合が多い．しかし，速度としてはシミュレーションよりも数百倍から数千倍高速化できるため，そのメリットも多く，大規模設計など多くの場合についてシミュレーションする必要がある場合にはよく利用されている．

11章の問題

□ **1** シミュレーションで利用されるドントケア値（X）とはどのような状況を示すために利用されるかについて説明せよ．

□ **2** イベントドリブン方式シミュレーションとコンパイル方式シミュレーションの特徴を比較せよ．

□ **3** シミュレーションによる設計検証を行う際には，どれだけシミュレーションすればどれだけしっかり検証したことになるかを示す尺度が重要になる．どのような尺度が考えられるかについて説明せよ．

□ **4** シミュレーションするための入力パターンを単純にあるいはランダムに生成していると，実行される頻度の非常に小さい機能がシミュレーションによって試されない可能性が高い．これは一般にコーナーケース問題と呼ばれている．このコーナーケース問題へのシミュレーションによる対処法について説明せよ．

12 アサーションベース検証

　検証を効率よく行うため，VLSIがどのように動作すべきかを設計記述に組み込んで検証時に利用する手法が利用されており，アサーションベース検証と呼ばれている．アサーションベース検証では，VLSIチップの外部入出力の動作だけでなく，内部信号線についてもそれらがどのように振る舞うべきかを指定することができる．これにより，チップ外部からは観測しにくい誤動作や，チップ外部からは制御しにくい内部状態も容易に実現でき，検証の効率が大幅に向上する．

> **12章で学ぶ概念・キーワード**
> - アサーション
> - アサーション記述言語
> - 検証IP

第 12 章 アサーションベース検証

12.1 テストベンチ

　一般に，VLSI チップの検証は，図 12.1 の上の図のように，その動作を外部入出力ピンの値を制御したり，観測するテストベンチと呼ばれるものと同時にシミュレーションすることで行われる．しかし，テストベンチはチップの外部入出力のみにアクセスするため，内部信号の値を自由に観測することはできず，観測したい内部信号がある場合には，必ず外部出力まで伝搬させなければならない．しかし，VLSI チップの内部動作が複雑な場合には，内部信号値を外部まで伝搬させることは容易でない場合が多い．そこで，図の下のように，VLSI チップの設計記述に信号値の制限（constraints）や，アサーションと呼ばれる信号値が満たすべき条件の指定を付け加えておけば，それらを一体化してシミュレーションなどで検証することにより，内部信号の値の制御や観測を自由に行えるようになる．このようなアサーションを適宜追加することで効率的に検証を行うことをアサーションベース検証と呼ぶ．

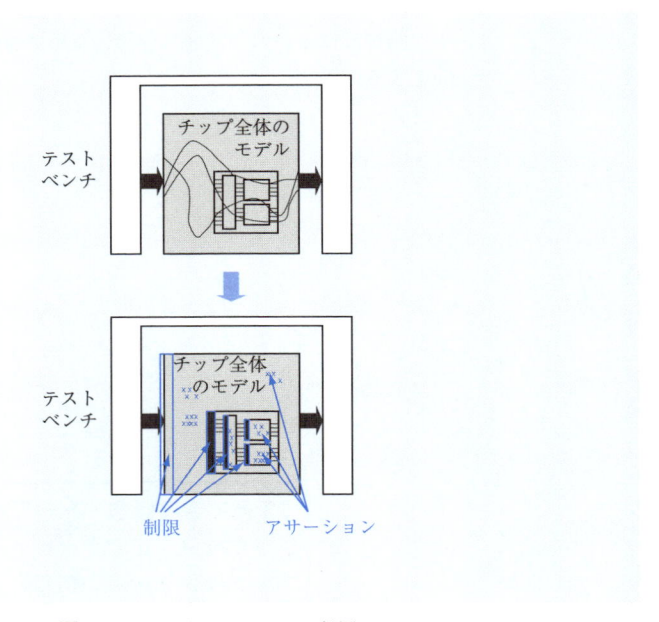

図 12.1　アサーションの利用

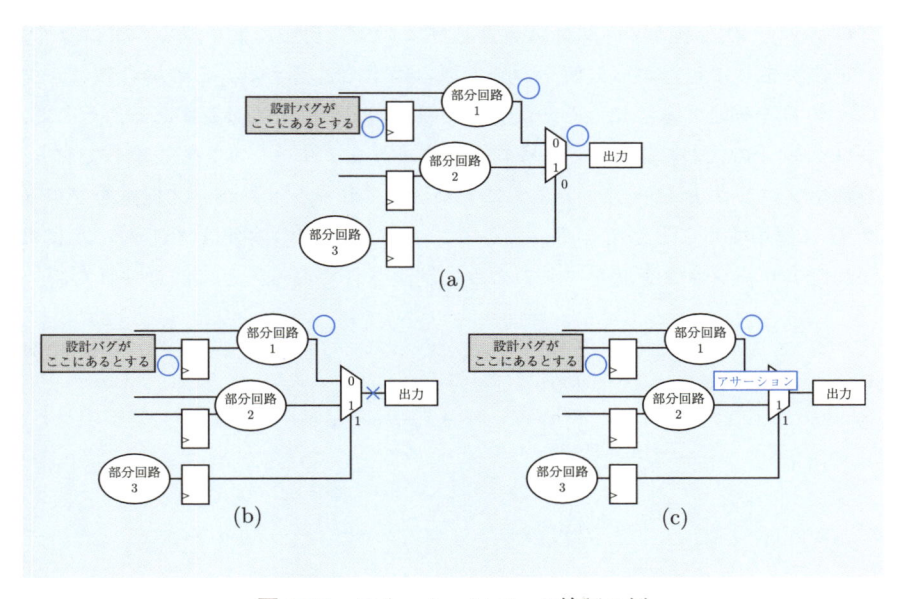

12.2 アサーションベース検証の例

アサーションベース検証の例を図 12.2 に示す．今，図で「設計バグがここにあるとする」と書かれたモジュールにバグがあるとする．このバグの存在が分かるためには，そのモジュールの出力が外部出力まで伝搬する必要がある．そのためには，図 (a) のようにマルチプレクサの制御信号が 0 になっている必要がある．そうなっていれば，(a) で丸印を付けたように，バグのある値が伝搬して，外部から観測できる．しかし，マルチプレクサの制御信号は部分回路 3 の出力であるため，必ずしも容易に外部から制御できるとは限らない．もし図 (b) のようにそれが 1 になっていると，マルチプレクサは他の入力を出力するため，バグのある値は外部に伝搬されないことになる．一方，図 (c) のようにマルチプレクサの入力側に信号値が満たすべきアサーションを記述しておけば，そこでバグのある値を検出できることになる．このように，アサーションベース検証では，設計の内部にアサーションを必要に応じて記述することで，外部からは観測が難しいようなバグの値も検出する手法である．

図 12.2　アサーションベース検証の例

12.3 アサーション記述言語

アサーションを記述するための言語については，PSL（Property Specification Language）として標準化され，SVA（System Verilog Assertion）など，各種既存言語に合わせた構文規則が定義されている．このような言語では，各信号値の時間軸上の変化を自由に指定することができるようになっている．例えば，図 12.3 に示すような処理，「req が来て次の時刻に ack が戻した場合には，その次の時刻に start_trans 信号で処理の開始を示し，その後一連の data に関する処理を最大 8 回行って，最後に end_trans 信号を送るということが常に成立つ」というアサーションは，次のように PSL で記述できる．

[always{req;ack} |=> {start_trans;data[= 1..8];end_trans}]

always は以下の事柄がいつも成り立つことを示し，;（セミコロン）は次の時刻を示す．|=>は左辺が成り立てば，右辺が成り立つという条件文を示す．

アサーションベース検証は，チップレベルだけでなく，もっと細かいブロックやモジュールと呼ばれる設計に切り分けても効率的に利用できる．例えば，図 12.4 に示すように，ブロック A に接続されているブロック B を検証する場合，ブロック B の入力はブロック A が生成するので，自由に値を取るのではなく，一定の決まりにしたがった値をいつも取るはずだと言える．この場合には，ブロック B を検証する際にもその決まりの範囲内で検証する必要がある．そこで，ブロック A の代わりに，図のようにその決まりをアサーションで表現しておき，それをブロック B に入力するようにすれば，アサーションベース検証をブロック B に適用することができる．ここで，ブロック B の検証はブロック A に書かれたアサーションを満たす入力のみに制限されていることに注意されたい．

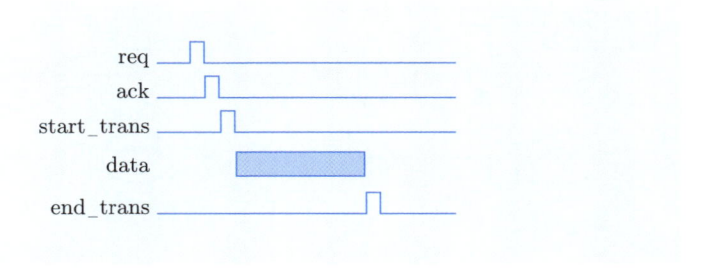

図 12.3 PSL 記述に対応したタイミングチャート

12.3 アサーション記述言語

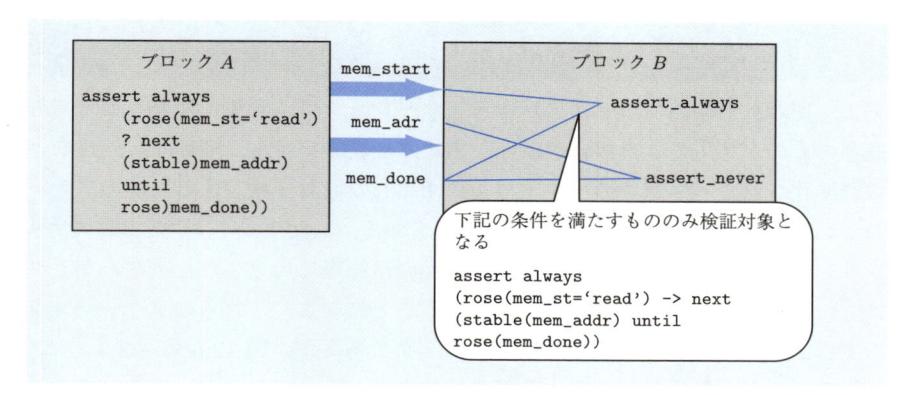

図 12.4 アサーションを利用したブロックレベルの検証

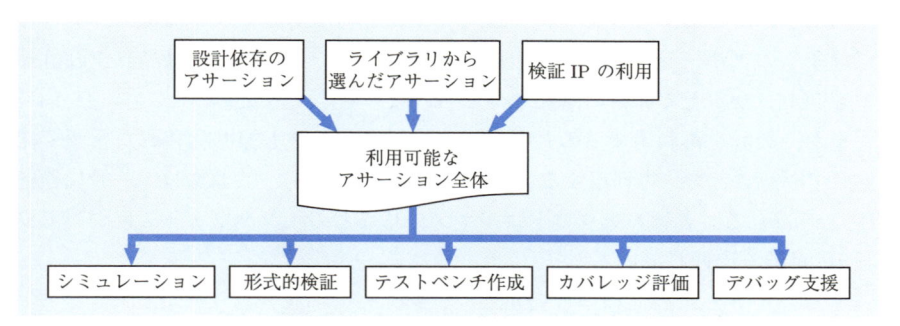

図 12.5 アサーション記述の利用

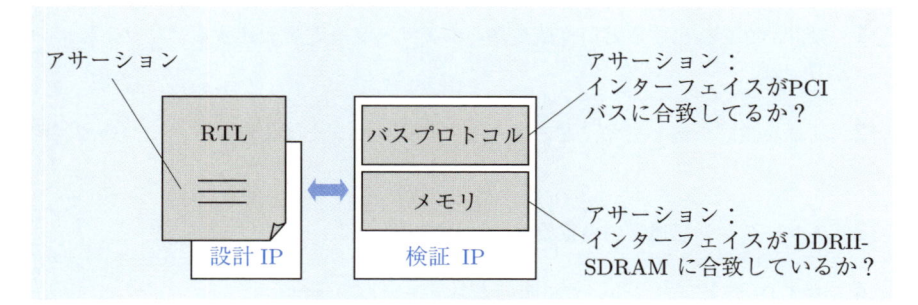

図 12.6 検証 IP としての利用

12.4 アサーションの再利用

よく使われる回路ブロックに対するアサーションは，新規に開発しなくても既存のものが利用できる場合が多い．また，一般的な回路，例えば，PCIなどの標準化されたバス通信のプロトコルに準拠した設計を検証するためのアサーションには，商品として流通しているものもある．したがって，検証するアサーション全体は，これらライブラリや標準品の検証用に用意されたアサーションにその設計独自のアサーションを追加することになる．これらのアサーションの主目的はシミュレーションなどのチェックであるが，図12.5に示すように，設計の正しさを数学的に証明する形式的検証や，シミュレーションデータやテストベンチの作成，各種カバレッジ評価，あるいはデバッグ支援ツールなどでも利用されている．このようにアサーションを利用するツールは多く，できるだけ多くのアサーションを設計記述に追加しておくことが，設計品質や設計効率を向上させる上で非常に重要である．

また，設計を再利用するのと同様に，アサーションも標準化された言語で記述しておくことで，再利用することができる（図12.6）．これらは，一般に検証IPと呼ばれる．各種バスプロトコルやメモリなどのインタフェースについて検証IPが広く流通している．

12章の問題

☐ **1** 設計バグを検出するという観点から，アサーションを記述するメリットについて説明せよ．

☐ **2** 簡単な設計を例として，どのようなアサーションを考えるべきかについて説明せよ．

☐ **3** アサーション記述言語の重要性について説明せよ．

☐ **4** 検証IPの考え方について説明せよ．

13 形式的論理設計検証

　論理設計検証の最も基礎となる技術は論理シミュレーションであるが，すべての可能な入力シーケンスに対して実行することは不可能であるため，完全な検証はできない．そこで，設計の正しさを数学的に証明する形式的検証も利用されている．本章では形式的な論理設計検証の基本について解説する．

> **13章で学ぶ概念・キーワード**
> - 等価性検証
> - モデルチェッキング
> - 状態空間探索

13.1 コーナーケース問題

　論理シミュレーションをすべての可能な入力パターンに対して実行することは，処理時間の関係で不可能である．このため，実用的には，設計者が効果的であると考える入力パターンについて重点的にシミュレーションを行うことになる．この際問題となるのは，特定の入力パターンでしか実行されない部分の設計記述については，シミュレーションが実行されない可能性が高いことである．これは，一般にコーナーケース問題と呼ばれている．単純な例を図 13.1 に示す．(a) が正しい設計であるが，それを誤って (b) のように記述してしまった場合，この間違いを指摘できるシミュレーションを行うには，信号 p の値を 1234 あるいは 1235 のどちらかにする必要がある．しかし，p のビット幅が 32 ビットある場合，ランダムに変数の値を決めるとすると，2 の 32 乗分の 2 の確率でしか，そのようにならないことになる．これは，記述の中の関数 F の中に誤りがある場合でも同様に非常に低い確率でしか，シミュレーションで発見できないことを示している．より網羅的な検証を行うには，このようなコーナーケースも含めて解析する技術が重要であり，形式的検証がそれを実現する最も強力な手法であると言える．

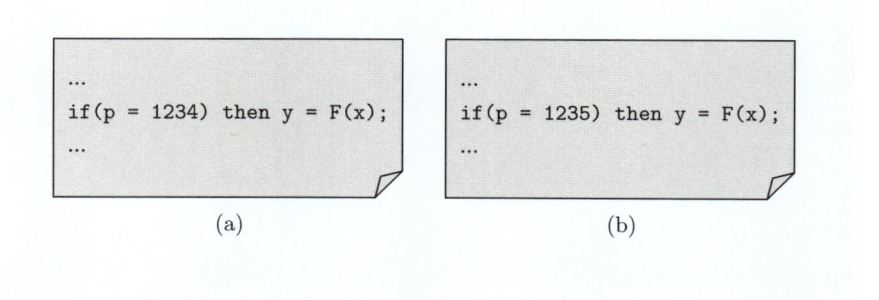

```
...
if(p = 1234) then y = F(x);
...
```
(a)

```
...
if(p = 1235) then y = F(x);
...
```
(b)

図 13.1　検証におけるコーナーケース問題

13.2 形式的検証の流れ

形式的検証には，2つの設計が等価であるか否かを判定する等価性検証と，与えられた設計が特定の性質を満たすか否かを判定するモデルチェッキング（プロパティチェッキングとも呼ばれる）の2種類がある．いずれにしても，処理の流れは図13.2のようになる．等価性検証の場合には，正しいと考える方の設計を仕様とし，等価性を検証したい方の設計を設計として入力する．また，モデルチェッキングの場合には，設計とは別に，設計が満たすべき性質をプロパティの集合という形で仕様として入力する．入力された仕様と設計は，ともに変換ツールによって，計算機内部で数学的なモデルに変換される．ここで，数学的なモデルとして，論理式・論理関数がよく利用されるが，数学的に定義されたものであれば，他の形式を利用することもできる．生成された数学モデル上で，等価性検証やモデルチェッキングがモデルを数学的に解析することで実行される．利用する数学モデルが，論理回路を表現するような2値の論理式や論理関数の場合には，2分決定グラフ（BDD）や，SAT（論理式充足可能性判定）手法などがよく利用される．また，C言語などのように多ビットの整数変数などを含む記述に対しては，数学モデルとして，1階述語論理，場合によっては高階の述語論理が利用されることもある．これら数学モデルに対する効率的な解析プログラムを利用して，等価性検証やモデルチェッキングがツールとして実装される．以下，等価性検証とモデルチェッキングそれぞれについて，基本となる手法について説明していく．

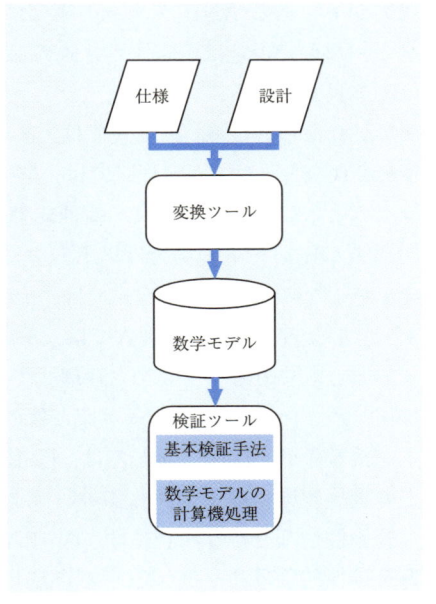

図13.2 形式的検証の流れ

13.3 等価性検証

まず，組合せ回路同士の等価性検証問題を考える．これは，基本的には，与えられた2つの回路の各出力の論理関数としての等価性を順次調べていけばよい．BDD を利用する場合には，BDD は論理関数に対する正規形表現となっているので，それぞれの回路に対して，BDD を同じ変数順で生成し，それらが同形であることを調べればよい．最新の BDD を処理するプログラムを利用すれば，数千ゲート規模の組合せ回路の等価性を検証することができる．

これに対し，SAT ソルバを利用する場合には，まず，与えられた組合せ回路を SAT ソルバが扱える CNF 式に変換する必要がある．この変換は，各ゲートごとに行え，変換された CNF 式の長さ（クローズの数）は，ゲート数に比例する．変換の例を図 13.3 に示す．2 入力基本ゲートに対しては，2 つの入力変数と出力変数の関係として，3 つのクローズが作られている．まず，入力が a, b，出力が c である AND ゲートの場合には，以下のような3つの条件から変換できる．なお，否定は否定すべき式の上に線を引き，$\rightarrow$ は包含，$\cdot$ は AND，$\vee$ は OR を表すとする．

- a が 0 なら c は 0．論理式では，$\bar{a} \rightarrow \bar{c} = a \vee \bar{c}$
- b が 0 なら c は 0．論理式では，$\bar{b} \rightarrow \bar{c} = b \vee \bar{c}$
- a, b ともに 1 なら c は 1．論理式では，$a \cdot b \rightarrow c = \bar{a} \vee \bar{b} + c$

同様に OR ゲートの場合は以下のようになる．

- a が 1 なら c は 1．論理式では，$a \rightarrow c = \bar{a} \vee c$
- b が 1 なら c は 1．論理式では，$b \rightarrow c = \bar{b} + c$
- a, b ともに 0 なら c は 0．論理式では，$\overline{a \cdot b} \rightarrow \bar{c} = a \vee b \vee \bar{c}$

NOT ゲート，NAND ゲートなど他のゲートも同様に変換できる．複数のゲートが接続された回路に対しては，図 13.3 に示されているように個々のゲートの上の変換規則で順次変換していけばよい．

等価性検証を行う場合には，図 13.4 に示すように，比較する 2 つの回路の出力を排他的論理和（EXOR）で接続し，その出力が 1 となり得るかという問題を SAT ソルバで解く事になる．出力が複数ある場合には，それぞれの出力ごとに EXOR を計算し，それらの OR を計算したものが充足可能か否かを判定する．2 つの出力の EXOR をとったものが充足可能であるということは，2 つの

13.3 等価性検証

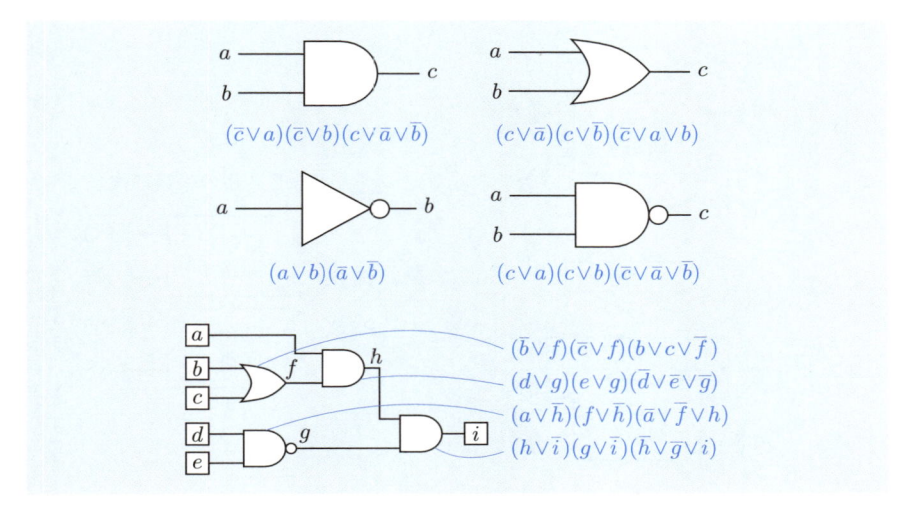

$(\bar{c} \vee a)(\bar{c} \vee b)(c \vee \bar{a} \vee \bar{b})$

$(c \vee \bar{a})(c \vee \bar{b})(\bar{c} \vee a \vee b)$

$(a \vee b)(\bar{a} \vee \bar{b})$

$(\bar{c} \vee a)(c \vee b)(\bar{c} \vee \bar{a} \vee \bar{b})$

$(\bar{b} \vee f)(\bar{c} \vee f)(b \vee c \vee \bar{f})$
$(d \vee g)(e \vee g)(\bar{d} \vee \bar{e} \vee \bar{g})$
$(a \vee \bar{h})(f \vee \bar{h})(\bar{a} \vee \bar{f} \vee h)$
$(h \vee \bar{i})(g \vee \bar{i})(\bar{h} \vee \bar{g} \vee i)$

図 13.3 論理回路から CNF 式の生成

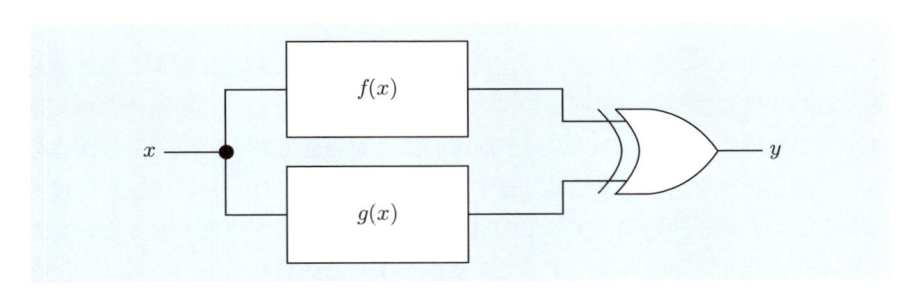

図 13.4 2つの異なる組合せ回路の論理的等価性

出力の値が異なる場合があるということであり，不等価であると言える．SAT ソルバで解いている場合には，充足可能として得られた解が，2つの出力を不等価にする反例になっている．

　順序回路同士の等価性検証に対しては，まず2つの順序回路内のフリップフロップの対応を取ることが可能かどうかを考える．完全に対応を取ることができる場合には，図 13.5 に示すように順序回路の等価性検証問題は基本的に組合せ回路の等価性検証問題に帰着されるため，上記の手法がそのまま利用できる．フリップフロップの対応が完全にはとれない場合には，組合せ回路の等価性検証問題に帰着できないため，この場合には，2つの順序回路の初期状態から始

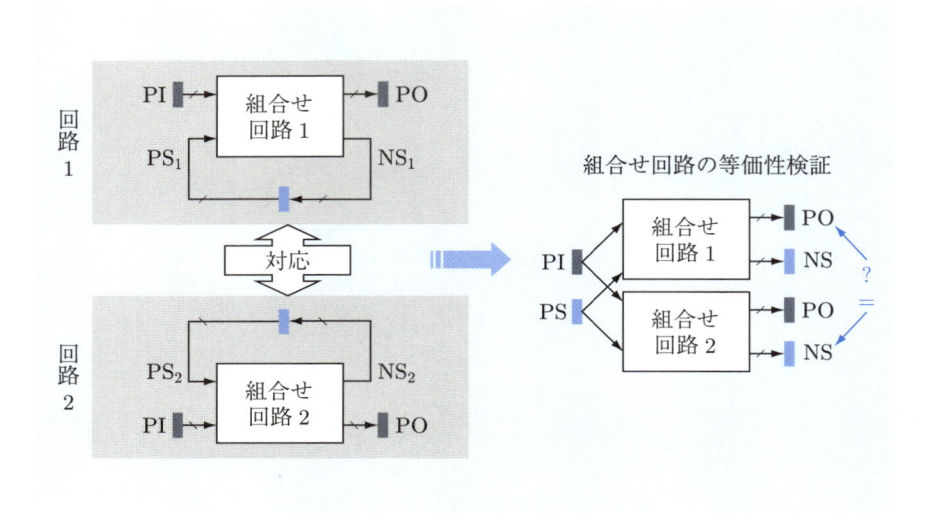

図 13.5 順序回路の等価性検証

め，可能なすべての動作において，出力が等価となることを証明する必要がある．初期状態で 2 つの順序回路の出力が等価である．そして，初期状態から到達可能な状態すべてで，2 つの順序回路の出力が等価である．以下この操作を到達可能な状態を尽くすまで繰り返す必要がある．これは，初期状態から到達可能な 2 つの順序回路間のすべての対応する状態に出力が等価であることを調べることになり，到達可能なすべての状態を求める必要がある．これは，一般に到達可能性解析（reachability analysis）と呼ばれており，次に述べるモデルチェッキングの基本操作の 1 つなので，そちらで説明する．

また，SAT ソルバを利用し，あるいは拡張して，論理回路より上位の設計記述の等価性検証を行う手法についても研究されている．例えば，C 言語記述の場合には，整数変数などがあるので，それらを 1 ビットごとの変数に展開して CNF 式を生成し，各出力ごとに EXOR で結合し，SAT 手法を行う．あるいは，整数変数をそのまま含む式に述語論理式に変換し，拡張された SAT 手法（文献 [4] など）を用いて解析する手法も利用されている．

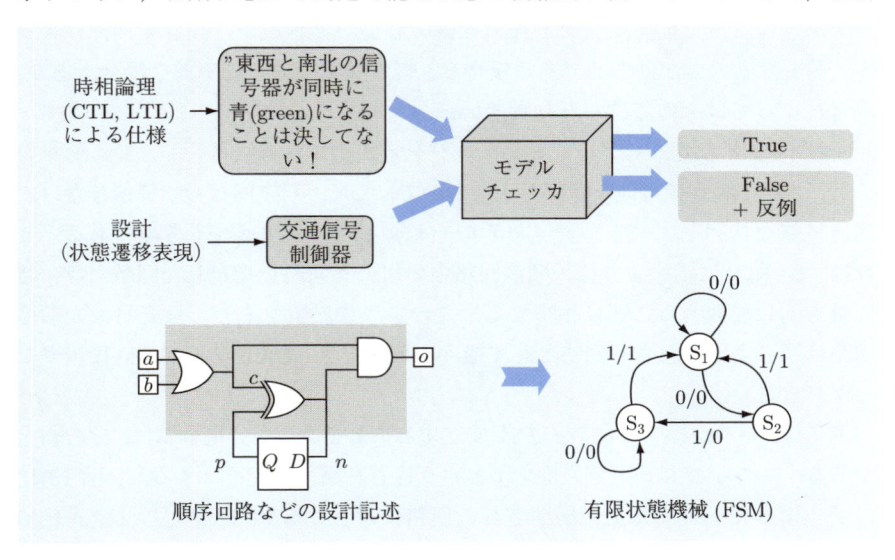

13.4 モデルチェッキング

モデルチェッキングとは，設計が特定の性質（プロパティ）をいつも満たすか否かを検証することを指し，プロパティチェッキングとも呼ばれる．モデルチェッキングの処理の流れを図 13.6 に示す．図では，交通信号制御器を検証する場合について説明している．モデルチェッカは状態遷移の形で表現された設計記述と，設計が満たすべき性質（プロパティ）を受け取る．プロパティは，通常時間に関する概念を表現できるように拡張した論理である時相論理（temporal logic）で記述される．時相論理とは，「いつも」や「いつか」あるいは，「次」というような時間に関するプロパティを表現できる演算子を追加した論理であり，「req 信号が来ると，いつかは必ず ack 信号が返されるということが，いつも成り立つ」など，順序回路の動作に関するプロパティを表現することができる．交通信号器の設計が順序回路で与えられている場合には，図にも示されているように順序回路をまず，状態遷移表現へ変換してから，モデルチェッカによる処理をする．

順序回路の等価性検証と同様，アルゴリズムの基本的な考え方は，図 13.7 に示すように，初期状態から到達可能な状態を網羅的に調べていくことで，設計

図 13.6 モデルチェッキング

を検証していくことである．到達可能な状態をすべて求めるには，到達可能な状態がもはや増加しなくなるまで（不動点（fixed point）に到達したという）状態遷移を繰り返していく必要がある．到達可能状態の集合は，最初は初期状態の集合となる．そして，イメージ計算と呼ばれる処理（図 13.7 の関数 Img）により，現在の状態から 1 度の状態遷移で到達可能な状態をすべて求める．そして新たに見つかった状態を現在までの到達可能状態に加える．この処理を到達可能状態が増加しなくなるまで繰り返していく．

今，設計が悪い状態（デッドロックなど決して陥ってはいけない状態）に到達する可能性があるか否かをモデルチェッキングすることを考える．上に示したように，初期状態から始めて設計に沿って状態遷移を行いながら，不動点に到達するまで計算を進め，到達可能なすべての状態に悪い状態が含まれていないことを確認することができる．これは一般的に前方探索と呼ばれ，図 13.8 の右に相当する処理を行っている．これに対し，図の左のような後方探索をすることもできる．これは，悪い状態から始め，設計の状態遷移を逆に戻っていく操作を不動点に達するまで繰り返す．結果的に得られた状態の集合の中に初期状態が含まれている場合には，初期状態から悪い状態へ到達可能であり，そうでなければ，悪い状態には決して初期状態からは到達できないことがわかる．モデルチェッキングは前方探索でも後方探索でも実現できるが，設計や仕様によって，前方探索の方が効率的である場合も，後方探索の方が効率的な場合もあり，場合によってはその差はかなり大きい．

SAT 問題として，モデルチェッキングを定式化する方法として，最も簡単なのは，すべての到達可能な状態を求めるのではなく，一定回数の状態遷移だけで到達可能な状態を調べる，限定モデルチェッキングと呼ばれるものである．これは，図 13.9 に示すように，順序回路中の組合せ回路を指定した回数だけ，時間軸方向に展開することに相当する．このように展開すると，検証対象の順序回路は図のように組合せ回路として扱うことができ，SAT ソルバで直接扱うことができる．

例えば，いつかはプロパティ P が成立することを調べたい場合には，その否定である「いつも P は成り立たない」という性質を調べる．そうすると，図 13.10 に示すように，時間軸上に展開された回路に対して SAT 問題として定式化できる．この際，生成される CNF 式の長さは，ゲート数に比例する（すべてが

13.4 モデルチェッキング

```
Reachability($S_0$)
1    $S_{reach} \leftarrow \phi$
2    $i \leftarrow 0$
3    while $(S_i \neq \phi)${
4        $S_{reach} \leftarrow S_{reach} \cup S_i$
5        $S_{i+1} \leftarrow Img(S_i) \setminus S_{reach}$
6        $i \leftarrow i+1$
7    }
8    return $S_{reach}$
```

図 13.7 状態遷移の到達可能状態の計算

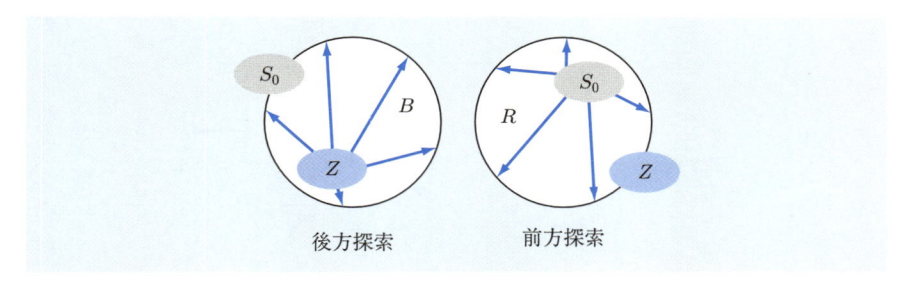

図 13.8 前方探索と後方探索

2入力ゲートでできている回路ならば，CNF式の長さは，ゲート数の3倍になる）．またこの場合，現れる変数の数は，ネット数と同じなる．したがって，元の順序回路（仮にすべて2入力ゲートで構成されているとする）にゲートがN個あり，それをM時刻だけ解析する限定的な形式的検証手法では，生成されるCNF式には，$3 \times N \times M$個の変数が現れることになる．最新のSATプログラムが解ける規模は，大体100万変数，数百万項程度なので，1000時刻解析すると1000ゲート規模の回路しか扱えないが，10時刻の解析でよければ10万ゲート規模でも扱えることになる．10万ゲートという大きさは，レジスタ転送レベル（RTL）から論理回路を自動的に合成する際の回路規模程度であり，形式的検証ツールとして実用的であると言える．実際，RTLやゲート回路に対する形式的検証ツールは，ハードウェアの設計現場でも一定の利用価値が認められ，導入が進んでいる．

なお，到達可能状態の集合を求める問題，つまり不動点の計算をSAT問題と

して定式化する手法がいくつか提案され，ツールも開発されている．これにより，SAT ソルバの性能向上の恩恵をそのまま受けるモデルチェッキングツールの開発が行われている．

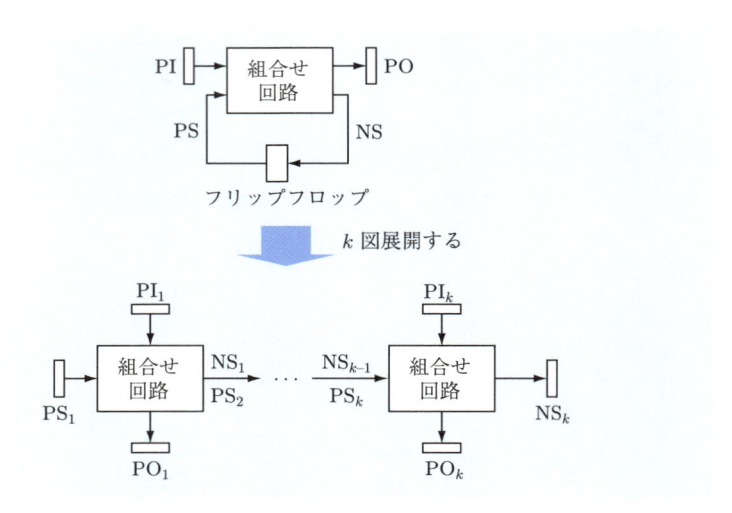

図 13.9 限定モデルチェッキング

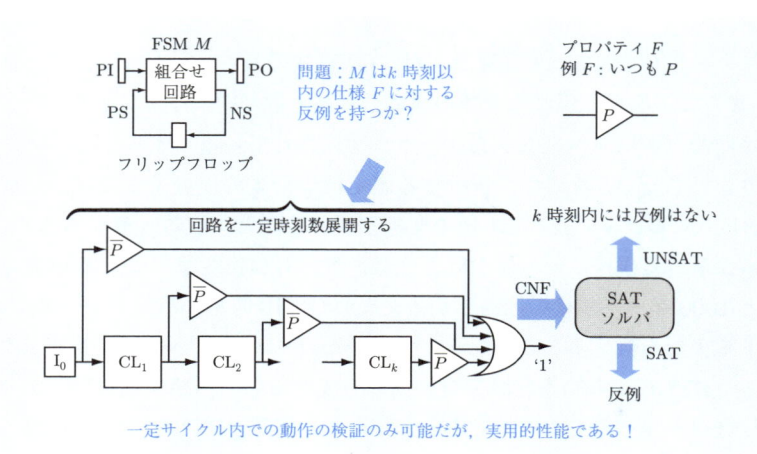

図 13.10 SAT 手法による限定的なモデルチェッキング例

13章の問題

☐ **1** 簡単な2つの組合せ回路を例として，それらの等価性をSAT手法で証明せよ．

☐ **2** 順序回路同士の等価性を検証する場合に，どのような条件があれば組合せ回路同士の等価性検証問題に帰着できるかについて説明せよ．

☐ **3** モデルチェッキング手法では，初期状態から初めて到達可能なすべての状態について，与えられたプロパティが満たされているかを調べていく．つまり，初期状態から到達可能な状態についてのみ，プロパティが満たされるか否かを検証している．このようにせず，もしすべての状態についてプロパティが満たされているかを調べると，どのような不具合が生じるか説明せよ．

☐ **4** 限定モデルチェッキングで正しいといわれた設計でも，完全なモデルチェッキングではバグが見つかる場合がある．どのような場合か，可能なら簡単な具体例で説明せよ．

14 VLSIのテスト技術

　製造したVLSIチップに故障などの不具合がないかを調べることをVLSIのテストという．これは，製造されたチップが設計通りになっているか否かを調べる作業であり，予め想定している故障が製造したチップで起こっているかについて，実際に入力信号を加えて，それに対する出力が正しいか否かで故障の有無を判断する．VLSIのテストに関する基本技術として，テストパターン生成や圧縮，テストパターンが故障を検出できるかを調べる故障シミュレーション，実際のテスター機器を用いた解析などがある．

14章で学ぶ概念・キーワード
- 縮退故障
- テストパターン
- スキャン

14.1 故障と歩留り

1つのウェハには複数のチップが乗っている．一般に製造工程の中で発生するチップの故障は，何らかのチリなどによるものや，製造プロセスが不安定であることなどに起因して発生する．チリなどがウェハに接触して発生する故障は，接触した部分に多く故障が発生することになる．一方，製造プロセスが不安定な場合には，1つのチップ内の同じようなところで多くの故障が発生する．これらを図に示したものが，図14.1である．図の左の方が，故障がウェハ上に均一に発生しているのに対し，右の方は，特定の場所に集中して発生している．ここで，注意したいのでは，両者とも発生した故障数は10箇所で同じであるが，故障の無い正常に動作するチップの数は大きく異なるという点である．図の左では故障が分散しているため，正常動作するチップは全体の22個のうち12個になってしまう．一方，右の方は故障が集中しているため，17個のチップが動作する．ウェハ上の製造した全チップ数のうち，正常動作するチップが何個得られるかの比率は一般に歩留り（yields）と呼ばれる．故障の発生の仕方で歩留りは大きく変化する．

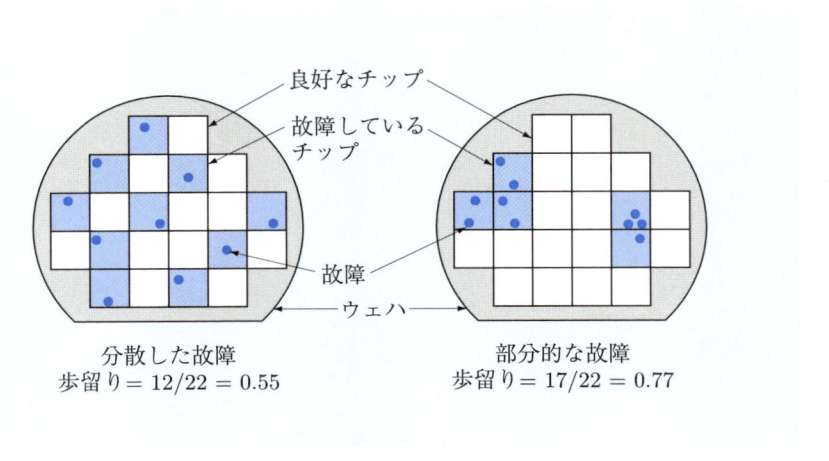

分散した故障
歩留り = 12/22 = 0.55

部分的な故障
歩留り = 17/22 = 0.77

図 14.1 故障の発生と歩留り

14.2 VLSIの故障

　VLSIチップのテストでは，対象とする故障の種類を限定して，テストするための入力パターン（テストパターンと呼ばれる）を生成する．想定している故障のことを仮定故障と呼ぶ．一般に起こり得る故障の種類は多岐に渡るが，最もよく利用されているのが縮退故障と呼ばれるものである．これは，入力の値に関係なく，故障した部分の信号値が0（0縮退故障, stuck-at-0）または1（1縮退故障, stuch-at-1）に固定されてしまうような故障である．縮退故障は，各ゲートの入出力に起こり得ると考えられる．通常，故障が発生する頻度はそれほど高くないと考えられるので，同時には1つの故障しか発生しないと考える，単一縮退故障がよく利用されている．ただし，最近の半導体プロセス微細化技術の進歩により，複数の故障が同時に発生する確率が無視できなくなってきているという報告もあるため，将来的には多重故障も扱う必要があるとも言えるが，ここでは，単一縮退故障に絞って説明していく．

　単一縮退故障を検出するには，次の2つの条件を満たす入力パターンを求める必要がある．

- 故障している信号線の値を縮退値と反対の値にする．
- 故障している信号線の値が0であるか1であるかを外部出力で判断できる．

前者の条件は故障している信号線の値が故障しているか否かで異なる値になるようにするためであり，後者の条件はその異なる値が外部出力まで伝搬する，つまり，値が異なることを外部出力を観測することで判断できることに対応している．この2つの条件を満たす入力パターンを生成することを与えられた故障に対するテストパターン生成と呼ぶ．例を図14.2に示す．今信号hの0縮退故障を検出するパターンを求めることを考える．なお，この回路は4つのNANDゲートから構成されており，2つの入力の排他的論理和（EXOR）を計算する．まず，0縮退故障なので，信号hを1としなければならない．hが1なのでgも1となり，NANDゲートの入力のd, hの片方あるいは両方が0でなければならないことがわかる．次に信号hの値が外部出力まで伝搬しなければならない．NANDゲートの1つの入力値が出力に伝搬するには，他方の入力値が1でなければならない．もしそれが0であると，その0が出力を自動的に0と決定してしまうからである．今の場合，信号cとkはともに1でなければならない

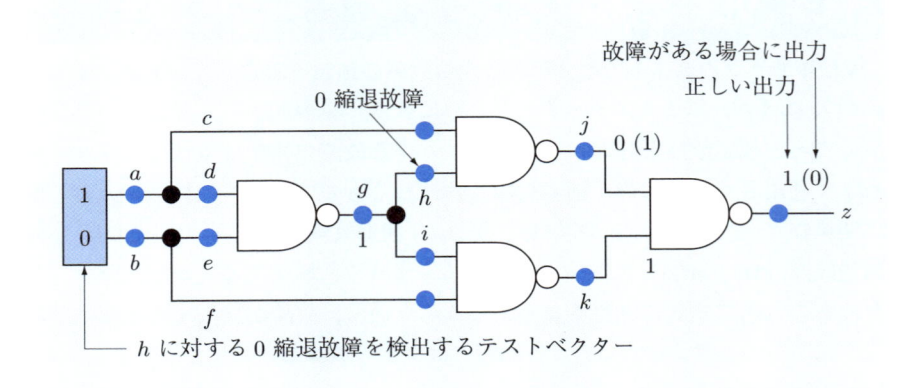

図 14.2 単一縮退故障とテストパターン

ことになる．以上から，信号 c は 1，信号 d は 0 と決定され，逆にそうすれば故障が外部出力まで伝搬することも確認できる．したがって，信号 h の 0 縮退故障に対するテストパターンは，外部入力 a が 1，b が 0 となる．このように，テストパターン生成は，回路の信号値の因果関係を回路を辿りながら解析することで求めることができる．この解析処理は基本的に論理関数の充足可能性判定（SAT）問題と同じであり，回路規模あるいは，外部入力数に対して，最悪の場合には指数時間かかる可能性がある，計算量の大きい問題である．したがって，如何に効率的に処理していくかが重要となる．

14.3　等価故障

単純には，回路中の個々のゲートの入出力それぞれに 0 縮退故障と 1 縮退故障が定義できる．しかし，これらの中には，互いに等価なものが存在する．ここで等価とは，ある故障を検出できるテストパターンは，必ず他方も検出でき，かつ逆も成り立つ場合である．テストパターンから見ると，これらの故障は見分けられないので等価故障と呼ばれる．たとえば，AND ゲートの入力の 0 縮退故障とそのゲートの出力の 0 縮退故障は，必ず同じテストパターンで検出できるため，等価故障となる．このように回路中には等価故障は多数存在する．図 14.3 上に個々のゲートの入出力に関する等価故障を示す．また，同図下に，6 つのゲートからなる回路に適用した例を示す．2 入力ゲートが 6 個なので，単純には $2 \times 6 \times 3 = 36$ 個の単一縮退故障が定義できるが，外部入力あるいはあるゲートの出力が，1 つのゲートのみに接続されている場合（図ではこのようなものは 4 箇所ある）には，1 つの信号と見なせるので，定義できる故障総数は $36 - 4 = 32$ 個となる．そして，図の上に示す関係の等価故障により，結局，回路中に定義される異なる故障の総数は 20 個となる．

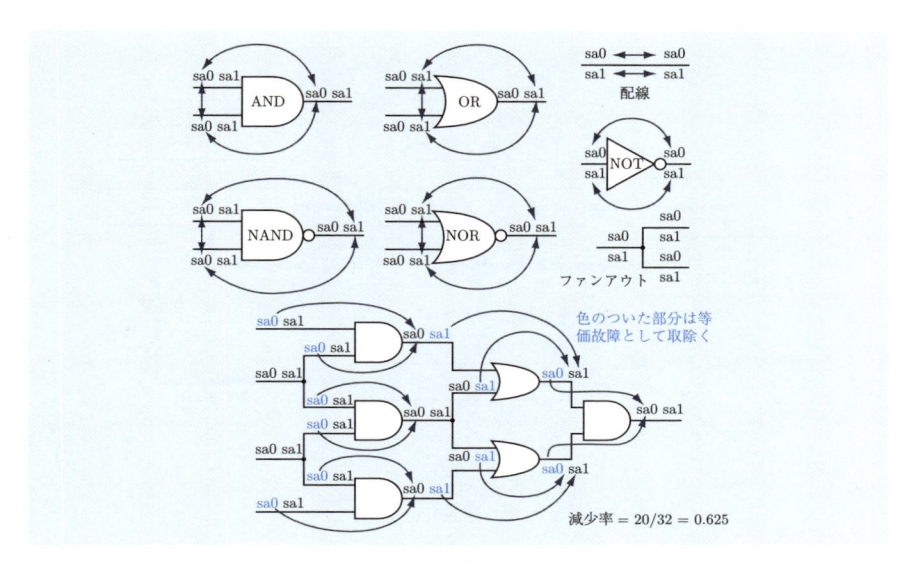

図 14.3　等価故障

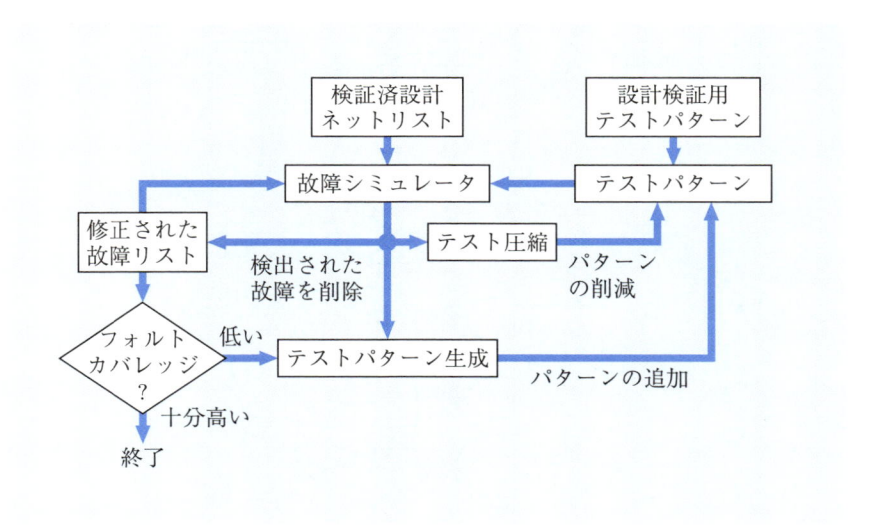

14.4 テストパターン生成

　VLSI のテストパターン生成に関する流れは図 14.4 のようになる．設計検証が終了した設計をネットリスト（論理回路）の形で受け取るとともに，検証で利用したテストパターンから，テスト用の初期のパターンを生成する．この際には，検証用のパターンにランダムに生成したパターンなどを加える場合が多い．これらを故障シミュレータにかけることにより，現在のテストパターンで検出できる故障のリストを作成する．またテストパターン内に不用なもの（そのパターンがなくても他のパターンで故障がわかるなど）がある場合には，それを削除し，テストパターンを圧縮する．そして，検出できる故障数が目標に達しているかどうか（フォルトカバレッジが十分大きいかどうか）を調べ，不足している場合には，さらに新たなテストパターンを生成するという作業を繰り返す．そして，フォルトカバレッジが十分高くなれば，テストパターン生成作業が終了する．以上において，故障シミュレーションとは，設計をネットリストの形で受け取り，与えられたテストパターンでどの故障が検出できるかを調べる作業であり，テストパターン生成とは，不足しているテストパターンを自動的に生成する作業である．

図 14.4　テストパターン生成の流れ

14.5 故障シミュレーション

故障シミュレーションを行う手法には，並列故障シミュレーション，同時故障シミュレーション，演繹故障シミュレーションなど様々なものが提案され，実際に使われている．ここでは，最もわかり易い並列故障シミュレーションについて説明する．扱う故障は単一縮退故障であるとする．すると故障している場合には，回路中に故障が1つだけ存在するので，故障している回路の種類は，等価なものを除いた縮退故障の数だけあることになる．並列故障シミュレーションでは，それらと故障の無い正しい回路をできるだけ，並列にシミュレーションし，故障のある場合と無い場合で出力が変化するか否かを調べていく．例を図 14.5 に示す．ここでは，2種類の故障回路と正しい回路を並列にシミュレーションしている．1つの回路のシミュレーションには，各信号線について，0か1かを保存する1ビットの変数が必要になる．したがって，正しい回路を2つの故障している回路を同時にシミュレーションするには，3ビット幅のある変数を各信号ごとに用意すればよい．通常の計算機は32ビットか64ビットなので，31個か63個の故障している回路を同時にシミュレーションすることができる．図の例では，簡単のために2つの故障している回路をシミュレーションしている．各信号の変数について，一番左のビットは正しい回路のシミュレーション結果を表し，真ん中のビットは信号 c が0縮退故障している回路のシミュレーション結果を表し，一番右のビットは信号 f が1縮退故障している回路のシミュレーション結果を表している．したがって，信号 c の値を表す変数では，真ん中のビットは正しい値に関わらず常に0になるとしてシミュレーションしており，また，信号 f の値を表す変数では，一番右のビットは正しい値に関わらず常に1になるようにシミュレーションしている．以上のようにシミュレーションを実行し，その結果出力である信号 g の値が故障している回路と正しい回路で異なる場合には，故障が検出できると判断する．この例の場合，信号 a，b の値をともに1として故障シミュレーションした結果，信号 c の0縮退故障は検出できるが，信号 f の1縮退故障は検出できないことがわかる．

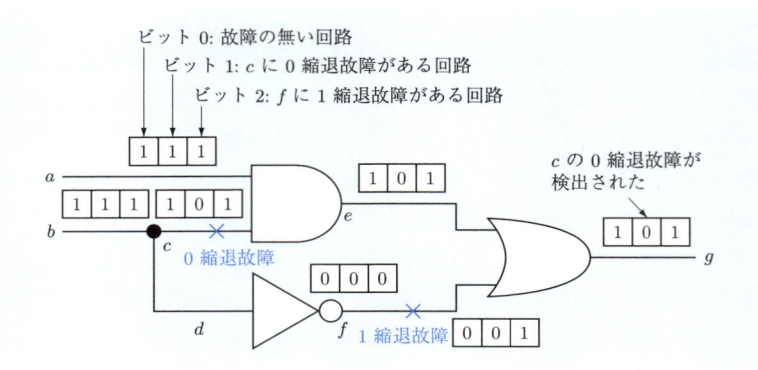

176　第 14 章　VLSI のテスト技術

図 14.5　故障シミュレーション

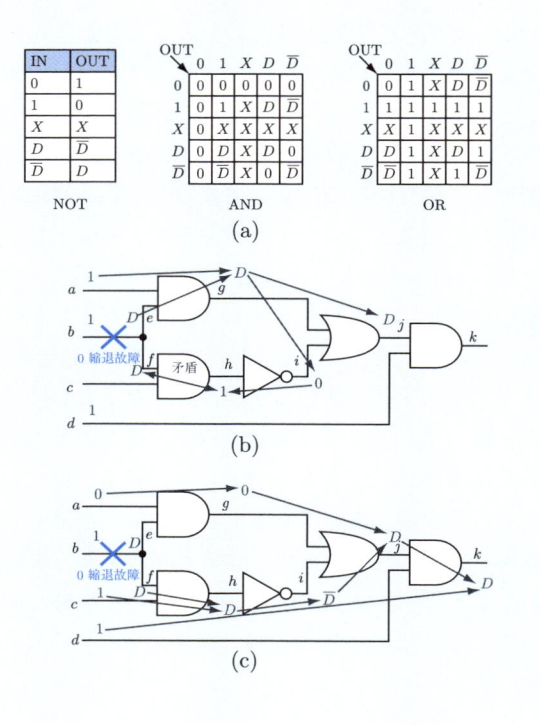

図 14.6　テストパターン生成

14.6　自動テストパターン生成

　自動テストパターン生成手法も，D アルゴリズム，PODEM アルゴリズム，FAN アルゴリズムなどが提案されてきている．現在は，FAN アルゴリズムなどをベースに様々な改良が施されたものが実際に利用されている．また，近年の SAT 手法の急速な進歩もあり，テスト生成問題を SAT 問題に置き換えて処理することも行われるようになっている．組合せ回路用の自動テスト生成技術は十分実用的になっており，数百万ゲート規模の回路でも数時間で処理可能となってきている．ここでは，自動テストパターン生成手法の基本である，D アルゴリズムについて，例を用いて説明する．

　D アルゴリズムでは，通常の論理値 0, 1 以外に，値が不明であることを示す X も利用される．さらに，故障値を表現する値として，D とその否定の $\overline{D}$ の合計 5 値が利用される．値 D は，故障している場合に 0 となり，正しい回路では 1 となることを表し，値 $\overline{D}$ は故障している場合に 1 となり，正しい回路では 0 となることを表す．これら 5 値に対する NOT, AND, OR などの論理演算結果の表を図 14.6 の (a) に示す．まず，NOT 演算は，値が反転するため，入力が D なら出力は $\overline{D}$，入力が $\overline{D}$ なら出力は D となる．なお，入力が X の場合には，値が不定であるため，出力も X と不定とする．AND 演算の場合は，片方の入力が 0 の場合には，もう一方の入力の値に関わらず出力は 0 に決定される．また片方の入力が 1 の場合には，出力の値はもう一方の入力の値と一致する．片方の値が X の場合には，もう一方の値が 0 でない限り，出力も X となる．残る場合のうち，両方とも D あるいは，$\overline{D}$ である場合には，出力も同じ D あるいは $\overline{D}$ となる．そして，片方が D でもう一方が $\overline{D}$ の場合は，正しい回路，故障している回路両方で値が異なることを示しているため，その AND 演算の結果は 0 となる．OR ゲートの場合も同様に議論することで，図に示すような結果を得ることができる．縮退故障を起こしている部分の信号値は，0 縮退故障なら必ず D に，1 縮退故障なら必ず $\overline{D}$ になる．図 14.6 の例では，信号 b が 0 縮退故障しているとして，それを検出するテストパターンを作成していく．信号 b を 1 にすることができ，かつ信号 b の値 D が外部まで伝搬させることができることが，テストパターンの条件である．信号 b は外部入力でもあるため，それを 1 とすれば前者の条件は満たされる．そこで，信号 b の値 D を外部出力ま

で伝搬させることを考える．信号 b の値が外部出力である k に伝搬させる経路は，上のゲート g, j を通過するものと，下のゲート h, i, j を通過するものの 2 種類ある．上の経路を解析したものが図の (b) であり，下の経路を解析したものが図の (c) である．まず上の経路について考える．値 D をゲート g の出力に伝搬させるには，ゲート g は AND ゲートであるためもう一方の入力の値を 1 にすればよく，それは実現可能である．次にゲート g の出力の値 D をゲート j の出力に伝搬させるには，ゲート j は OR ゲートであるため，もう一方の入力を 0 にする必要がある．するとゲート i の出力が 0 であることになり，ゲート i が NOT ゲートであることからその入力は 1 となる．これは，ゲート h の出力が 1 となることを意味するが，ゲート h の片方の入力は D である出力を 1 にする方法は存在しない．つまり，上の経路を使って，信号 b の値 D を外部出力まで伝搬させることは決してできない．そこで，次に下の経路で伝搬させることを考える．ゲート h の出力に値 D を伝搬させるには，そのゲートのもう一方の入力を 1 にすればよく，実現可能である．するとゲート i の出力は $\overline{D}$ となる．それをさらにゲート j の出力に伝搬させるには，もう一方の入力を 0 にすればよい．これはゲート g の出力を 0 にすることを意味するが，それがゲート g の入力 a を 0 にすることで実現可能である．最後にゲート k の出力に $\overline{D}$ を伝搬させるには，もう一方の入力を 1 にすればよく，それも実現可能である．結果として，a, b, c, d をそれぞれ，0, 1, 1, 1 とすれば，信号 b の 0 縮退故障が検出できることがわかる．このように D アルゴリズムでは，出力へ D あるいは $\overline{D}$ を伝搬させる経路をあるヒューリスティックスで順に調べていく．

14.7 順序回路の扱い

　前節のテストパターン生成アルゴリズムは，組合せ回路を対象としたものであるが，順序回路を扱う場合には，図 14.7 のように，順序回路の組合せ回路部分を複数コピーして，順序回路を時間軸上に一定回数展開すれば，順序回路は見かけ上，大きな組合せ回路のように扱うことができ，前節の自動テストパターン生成手法を適用することができる．しかし，回路規模が展開する時刻が数倍となるので，大規模回路や多数の時間軸が必要となるような回路には適用できない．一般に，組合せ回路の自動テストパターン生成技術は実用上，ほぼ完成されたものであると言えるが，順序回路に対する自動テストパターン技術は，扱える規模の点でまだ不十分である．

　そこで，順序回路中の各フリップフロップの値を設定したり，読み出せるような機構を設けることで，テストパターン生成としては，順序回路を組合せ回路のように扱う手法がよく用いられており，一般にスキャンテスト手法と呼ばれる．これは，順序回路中の各フリップフロップのテストを行う際には，シフトレジスタのように順に値を転送できるように接続可能としたものであり，各フリップフロップは，内部に 2 つのフリップフロップを持つスキャンフリップフロップが利用される．例を図 14.8 に示す．この例では，テストを行う際には，3 つのフリップフロップをシフトレジスタとして接続し，チップ外部からスキャンイン端子から信号を順に加えて，テストクロックでシフトしてやることにより，すべてのフリップフロップの値を設定する．次に 1 サイクルだけチップを動作させる．その結果の各フリップフロップの値を先程と同様に順にシフトしていくことで，外部端子であるスキャンアウトから順に読み取っていく．このようにすることで，順序回路はテストをする上では組合せ回路として扱うことができる．図からもわかるように，スキャンを用いたテストでは，フリップフロップが倍（1 つのフリップフロップが内部に 2 つのフリップフロップを持つスキャンフリップフロップに交換される）になるとともに，シフトするための配線が必要で，それだけチップ面積が増大することになる．また，テストに要する時間も，1 つのテストパターンを印可するには，フリップフロップをすべてシフトする必要があり，またその結果を読み出すにも同様にシフトする必要があるため，非常に長くなる．大規模設計では，テスト時間が特に問題となるた

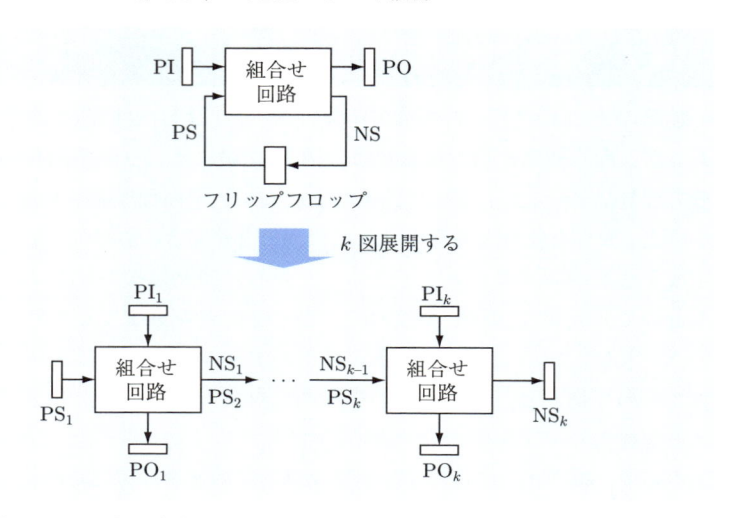

図 14.7 順序回路を展開し組合せ回路の繰返しとして扱う

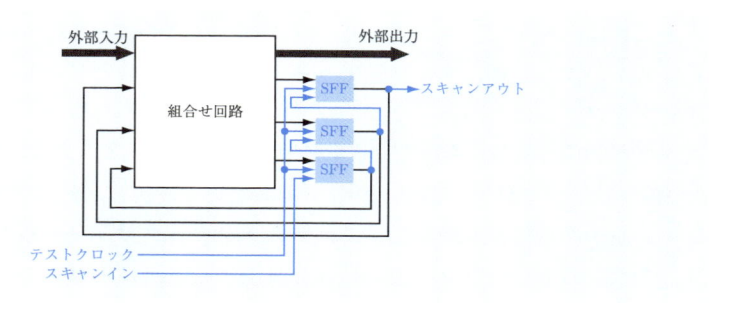

図 14.8 テスト用スキャン回路

め,すべてのフリップフロップをスキャンするのではなく,テストしにくいものに限ってスキャンする部分スキャンがよく利用される.

また,いずれにしても回路を外部からテストするのは,困難であったり,時間がかかったりするので,VLSI 内に自身をテストする回路を付け加える場合も多く,BIST (Build in Self Test) と呼ばれる.これは,予め答えのわかっている計算を回路自身で行い,その結果が正しいかどうかを自分で判断することを基本としており,様々なものが提案されている.

14章の問題

☐ **1** 縮退故障とはどのような故障か,簡潔に説明せよ.

☐ **2** 故障をテストするためのシミュレーションパターンが満たすべき条件について,簡単な回路に対する縮退故障を例として説明せよ.

☐ **3** 故障シミュレーションと通常のシミュレーションの違いについて説明せよ.

☐ **4** テスト用のスキャン回路はどのような目的のものかについて説明せよ.

15 低消費電力設計

　モバイル機器に代表されるように，低消費電力設計に対する要求は大きく，デバイスや回路レベルだけでなく，高位設計でも低消費電力設計技術が広く利用されるようになっている．本章では，高位レベル設計の観点からの低消費電力設計について，解説する．

> **15章で学ぶ概念・キーワード**
> - 消費電力見積り
> - 低消費電力設計フロー
> - マイクロプロセッサの低消費電力設計

15.1 低消費電力の必要性

モバイル機器に代表されるバッテリ駆動型の電子機器が普及しており，また，最近はモバイル機器でもある程度のデータ処理も要求されるため，高性能かつ低消費電力な製品が必要不可欠となっている．これらの要求を満たすためには，ある決められた性能仕様を満たしながら，できるだけ消費電力の小さいシステムVLSIを開発する必要があり，様々な技術が提案されている．

VLSIの消費電力が増大するといろいろな問題が生じる．消費電力の増大は言い換えると発熱量の増大とも言える．近年のマイクロプロセッサの高性能化は目覚ましいものがあるが，同時に消費電力も右肩上がりに増加しており，現在のハイエンドのマイクロプロセッサでは100 Wを越えるものも存在している．それらの電力消費はすべて熱エネルギーへと変換されるため，非常に大量の熱がVLSIから発生し，冷却装置なしには動作しない状況になっている．

消費電力が増大すると，VLSIチップ自体の温度が上昇し，それが回路の誤動作を引き起こす原因となる．一般的に，工業製品では温度上昇に対して故障率が指数的に上昇する．例えば，温度が10度上昇することで故障率が2倍となるというように，故障率は増大する．したがって，温度上昇を抑制するために，何らかの放熱対策を施す必要があり，高価なセラミックパッケージを利用したり，冷却ファンなどの冷却装置を利用する必要が生じ，コスト上昇に結びついてしまう．

バッテリ持続時間はバッテリ容量と消費電力から決定されるため，同じバッテリを利用する場合には消費電力の小さい製品の方がバッテリ持続時間が長くなる．バッテリ持続時間を長くするためにバッテリ容量を大きくする方法もあるが，それはバッテリの重量の増加に直結してしまうため，特にモバイル機器では許容しがたいケースが多い．

15.2 CMOS 回路の消費電力

CMOS（Complementary Metal Oxide Semiconductor）回路では，グランド（GND）側に nMOS 回路網，電源（VDD）側に pMOS 回路網があり，入力は同一の信号，出力は nMOS 回路網と pMOS 回路網を接続した部分となる．nMOS 回路網と pMOS 回路網は相補的な動作をする．つまり，ある入力に対して，nMOS 回路網が導通する際には pMOS 回路網が遮断され，nMOS 回路網が遮断されている際には pMOS 回路網が導通となる．このようなメカニズムにより，出力は電源あるいはグランドと同電位となる．このように，nMOS と pMOS の両者が定常的に導通していることがないため，低消費電力向けの回路実現法であると言え，現在の VLSI では CMOS 回路が大部分を占めている．

CMOS 回路の消費電力の構成要素には大きく 3 種類存在する．

- **負荷容量のスイッチング**による電力
- **貫通電流**による電力
- **リーク電流**による電力

以下で，それぞれについて解説する．

図 15.1 に CMOS 回路の消費電力の式を示す．消費電力は 3 つの項の和となっている．最初の項は，負荷をスイッチングすることによる消費電力に対応する．出力が 0 から 1 に遷移することで，負荷容量に電荷が充電され，出力が 1 から 0 に遷移することで，負荷容量の電荷が放電される．この遷移の過程で電力が消費され，実際には MOS トランジスタのオン抵抗で熱エネルギーへと変換されている．式からも明らかなように，スイッチングによる消費電力は負荷容量，電源電圧の 2 乗，クロック周波数，信号遷移の頻度に比例している．特に電源

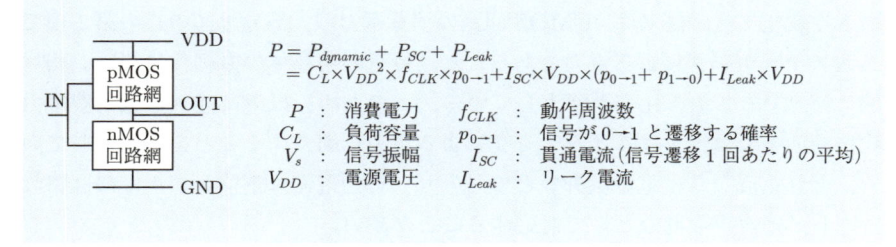

$$P = P_{dynamic} + P_{SC} + P_{Leak}$$
$$= C_L \times V_{DD}^2 \times f_{CLK} \times p_{0 \to 1} + I_{SC} \times V_{DD} \times (p_{0 \to 1} + p_{1 \to 0}) + I_{Leak} \times V_{DD}$$

P	：消費電力	f_{CLK}	：動作周波数
C_L	：負荷容量	$p_{0 \to 1}$	：信号が 0→1 と遷移する確率
V_s	：信号振幅	I_{SC}	：貫通電流（信号遷移 1 回あたりの平均）
V_{DD}	：電源電圧	I_{Leak}	：リーク電流

図 15.1 CMOS 回路の消費電力の計算

電圧の2乗に比例している，ということが重要である．

消費電力の式の2番目の項は，貫通電流による電力も出力信号の遷移時に発生する消費電力を表す．CMOS回路では，原理的にはnMOSあるいはpMOSの一方が必ずオフであるため，MOSトランジスタが理想的なスイッチであれば電源とグランドが導通することはないが，実際にはゲート入力がしきい値電圧（Vth）以上でトランジスタが導通してしまうため，瞬間的にnMOS，pMOSの両方がオンになってしまうことにより，電力が消費されてしまう．

消費電力の式の最後の項は，MOSトランジスタの漏れ電流（リーク電流）から生じる消費電力を表す．MOSトランジスタは半導体素子であるため，pn接合が多数存在するが，それらは逆バイアスされた状態でもわずかな電流が流れてしまう．また，MOSトランジスタがオフ状態であっても，ドレイン–ソース間にわずかな電流が流れてしまう．このような漏れ電流が流れることで電力が消費される．

CMOS論理回路の消費電力の式から，単純にこの式のPを小さくするためには，

- 電源電圧V_{DD}を小さくする．
- 負荷容量C_Lを小さくする．
- クロック周波数f_{CLK}を小さくする．
- 信号遷移のアクティビティ$p_{0\to 1}$を小さくする．
- 貫通電流I_{SC}，リーク電流I_{Leak}を小さくする．

ということをすればよいと言える．ただし，ここで忘れてはいけないのは，性能を低下させずに（性能仕様を満たす範囲内で）上記のいずれか（あるいは複数）を実現しなければいけないということである．

3種類の消費電力の相対的な比率はプロセステクノロジや回路構成によって大きく変化する．従来は，CMOS回路の消費電力の大部分は図の式の第1項であるスイッチングによる電力であったが，最近の半導体の微細化に伴い，相対的に第2，第3項の比率が増大している．このため，以下に述べる低消費電力化技術の多くは，主にスイッチングによる電力を削減することを目標にしている．漏れ電流などは電源制御などで対応し，貫通電流は下位レベルでの回路設計（レイアウト設計など）で対応することが多い．

15.3 上位設計における低消費電力技術

上位設計段階での低消費電力設計において，重要なことは，以下である．

- 電力を多く消費している部分の見極め： 電力解析により上位のレベルで早期に消費電力のホットスポットを発見することにより，手戻りコストを削減できる．
- アルゴリズム・アーキテクチャの比較と選定： アルゴリズムおよびアーキテクチャは性能のみならず消費電力にも非常に大きな影響を与えるため，高位合成は非常に重要なステップである．具体的には，並列化・パイプライン化などの高スループット化による電源電圧最適化などが可能であり，これらは性能と消費電力のトレードオフを十分に考慮する必要性がある．
- 電源電圧の最適化： CMOS VLSI のスイッチングによる消費電力は電源電圧の 2 乗に比例するため電源電圧の最適化は非常に有効な手法である．
- ソフトウェアの最適化： システム LSI の低消費電力化では，その上で動作するソフトウェアを最適化することにより，低消費電力化を実現することも可能である．

図 15.2 に低消費電力設計の流れを示す．システムレベルの仕様から，各設計段階を経て徐々に詳細な設計へと合成・変換を行っていく際に，各レベルでの電力解析を行い，消費電力の仕様を満たさない場合にはその段階での操作をやり直す，ということを繰り返すことが基本となる．場合によっては，一度上位へと戻って最適化し直すこともある．それを避けるためには，各段階でできるだけ精度の高い電力見積りを行うことが必須となる．電力解析の精度が低いと，下位の設計段階までいってから，仕様を満たさないことが発覚する頻度が高くなってしまい，結果として設計期間の増大をまねく．システムレベル設計における消費電力見積りは，非常に重要な役割を持っている．高位合成では繰り返し最適化を行うケースが多いため，できるだけ精度の高い消費電力見積りが必須である．電力見積りの精度は設計の抽象度（設計のレベル：ビヘイビアレベル，レジスタ転送レベル（RTL）など）に大きく依存する．設計仕様から，高位記述，RTL，ゲートレベル，トランジスタレベルへと設計の詳細化が進むにつれて消費電力見積りの精度は高くなる．しかし，その一方で消費電力見積りの速度は遅くなる．消費電力はアルゴリズム，アーキテクチャ，回路実装法な

どに強く依存するため，抽象度の高い記述では何らかのモデル化を行うことで消費電力見積りを行うことになる．

消費電力見積りの手法については，大きく分けてダイナミック解析とスタティック解析が存在する．ダイナミック解析では，図 15.3 上に示すようにテストベクタを用いながらシステムを実動作に近い条件でシミュレーションを行うことによって消費電力の解析を行う．十分な量のシミュレーションを行うためには非常に長いテストベクタが必要であり，解析速度は遅くなってしまう．通常の論理シミュレーションによる検証と同じで，品質のよいテストベクタを用意しなければならない．一方，スタティック解析は図 15.3 下に示すように与えられた設計を静的に電力解析する．その際に入力信号のモデル化を利用する．電力解析の精度については十分なものが得られないケースが多いが，解析速度は速い．

ソフトウェアレベルでの電力見積り手法では，各命令ごとに消費電力を何らかの方法で計測しておき，命令セットシミュレータを利用して命令の実行をトレースすることによって，消費電力を見積もる．例えば，「各命令ごとのベースエネルギーコスト」，「ある 2 つの命令が連続した時のエネルギーコスト」，「パイプラインストール，キャッシュミスなどが発生した時のエネルギーコスト」の数種類に分類し，それらを合計することで電力コストとする場合が多い．

高位記述（ビヘイビアレベル）での電力見積り手法においては，ゲートレベルなどの情報は利用できないため，抽象度の高いレベルの情報のみで消費電力を見積もらなければならない．そこで，電力マクロモデルを利用したモデル，回路の複雑度を利用したモデルなどを利用する．電力マクロモデルを利用したモデルでは，実測値，回路シミュレーションの結果などを利用して設計する各コンポーネントをマクロ的にモデル化し，ダイナミック解析あるいはスタティック解析をすることで電力を見積もる．回路の複雑度を利用したモデルでは，コンポーネントの複雑度を，等価ゲートを利用してモデル化し，電力解析を行う．

先にも述べたように，論理回路の消費電力は信号遷移頻度に比例する．入力信号の特性を基に変換式あるいはルックアップテーブルを用いて消費電力を見積もる場合が多い．例えば，入力信号の中での 0 や 1 の密度（その値である 時間時軸上の確率），および入力信号の信号遷移頻度を入力とすると，その際の消費電力が出力される，といったようにする．さらに，演算器のビットごとに上記の変数を持たせることで，精度が高められるケースもある．いずれにしても，消費

15.3 上位設計における低消費電力技術

電力ライブラリの品質が非常に重要であり，実測あるいは回路シミュレーションなどで精度の高いデータを予め求めておく必要がある．一方，回路の複雑度を利用したモデルでは，回路の複雑度を様々なパラメータでモデル化して消費電力を見積もる．よく利用されるパラメータとしては，各コンポーネントの等価ゲート数，等価ゲートの平均消費エネルギー，等価ゲートの平均容量などがある．

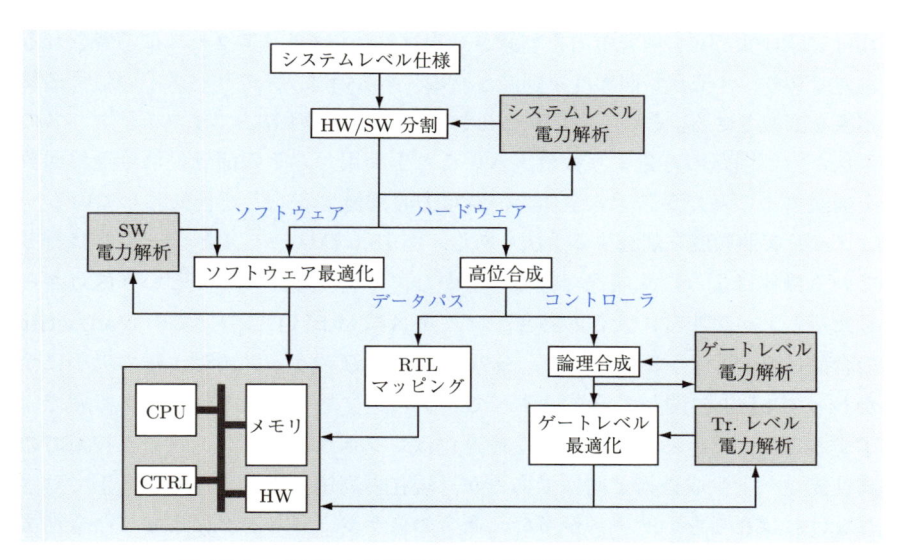

図 15.2 VLSI 上位設計における低消費電力設計技術

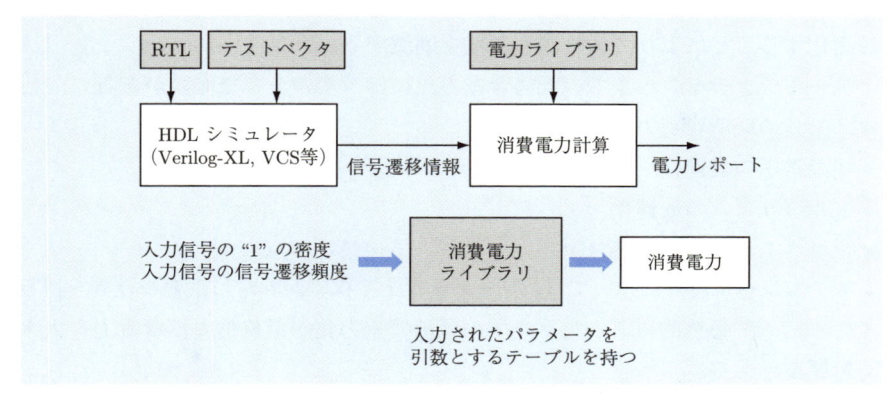

図 15.3 消費電力の見積り

15.4 低消費電力設計技術の例

次に実際の低消費電力設計技術の具体例について，いくつか解説する．ソフトウェアレベルでの消費電力削減技術については，コンパイラ技術を利用することが一般的である．VLSI チップの製造が終了したのち，その上で動作させるソフトウェアの最適化を行うことで，システム全体の消費電力を削減させる．図 15.4 に示すように，消費電力を削減させる対象は，メモリアクセスに消費される電力であり，メモリ参照頻度を削減させる，あるいは，メモリバス上の信号遷移頻度を削減させる，という方法がとられる．どちらの手法も，オフチップバスの容量が内部回路の容量より数桁大きいことを利用し，その部分の信号遷移回数を削減することでシステム全体の消費電力を削減することを目的としている．

メモリ参照頻度を削減する手法もある．図 15.5 のソース A とソース B は行っている操作はまったく同様である．しかし，メモリ参照の頻度という観点から考えると，n が非常に大きい場合，ソース A では b[i] についての read/write の合計は $2n$ 回行うことになる．一方，ソース B のケースでは，n の大小にかかわらず b[i] に関して演算はすべてレジスタファイル内でのデータ参照で完了することができる．このような最適化はソフトウェアのコンパイラ技術での高性能コード生成技術と同様であるが，現在の高位合成ツールでは人手で対応しなければならないケースが多い．命令のスケジューリングによって命令バス上の信号遷移頻度を削減する方法もある．通常のコンパイラでは，信号遷移頻度は最適化の対象となっていない．命令間の依存関係を考慮しながら命令順を最適化することにより，信号遷移頻度を削減する．

アーキテクチャレベルでの低消費電力化には，次のようなものがある．
- メモリの低消費電力化
- 電源電圧の最適化
- アルゴリズムの最適化
- チップ I/O の低消費電力化

システムレベル設計においては，アーキテクチャ探索が非常に重要な役割を持っているため，必然的にこのレベルでの低消費電力化が最終的な消費電力に大きく影響を与える．

マイクロプロセッサには，キャッシュも含め，多量のメモリが階層的に接続

15.4 低消費電力設計技術の例

されており，それぞれ図 15.6 に示すように消費電力は異なる．通常，メモリは VLSI チップ全体の消費電力のうち，10〜30% とかなり大きな部分を占めているため，この部分での低消費電力化技術は非常に重要である．近年，オンチップメモリ，オフチップメモリともに大容量化しており，メモリの構造上ビット線には多数のメモリセルがぶら下がっているため，非常に大きな電気容量を持つ．つまり，1 つのデータにアクセスするだけでもメモリ全体をカバーするビット線を駆動することになる．基本的に大容量のメモリほど 1 回のメモリアクセスに必要なエネルギーが大きくなる．このメモリアクセスによる電力コストを小さくするために，階層化メモリ，分割メモリなどが利用される．例えば，メモリを複数のバンクに分割することで，不要な部分の動作をカットする手法である．通常，メモリ全体が起動されるのに対して，分割メモリでは制御信号を生成し，アクセス対象のアドレスが含まれるメモリバンクのみを起動するよう

オフチップバスは，負荷容量 (CL) が非常に大きい．（内部回路の容量より 3〜4 桁大きい）

メモリ・バスの信号遷移頻度を削減することは非常に有効

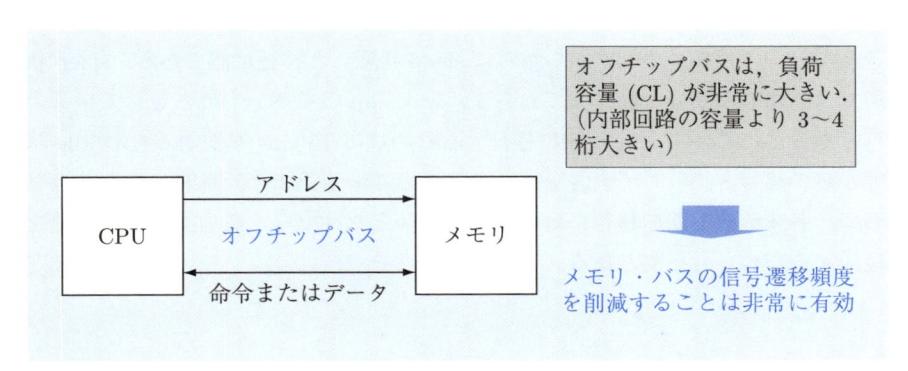

図 15.4 オンチップ通信による電力の消費

```
ソース A :

for (i = 0; i < n; i++)
        b[i] = f(a[i]);
for (i = 0; i < n; i++)
        c[i] = g(b[i]);
```

```
ソース B :

for (i = 0; i < n; i++) {
        b[i] = f(a[i]);
        c[i] = g(b[i]);
}
```

図 15.5 メモリ参照回数の削減

にする．分割数を大きくすれば大きくするほどメモリモジュール自体の消費電力を削減することができるが，その一方で行デコーダなどは同一の回路がすべてのバンクに存在しなければならない，などの理由により面積オーバーヘッドが大きくなってしまう．消費電力と面積オーバヘッドのトレードオフを十分に考慮する必要がある．

動作中に状況に応じて電源電圧を変化させる技術もある．これらのシステムでは，パワーマネージャがシステムを監視し，図15.7に示すようにシステムの負荷に応じて電源電圧・動作周波数をダイナミックに変更する．動的な電源電圧・動作周波数制御について典型的な低消費電力プロセッサを用いて解説する．その動作を図15.8に示す．通常の動作時（run）にはフルパワーで動作し，約400 mWの電力を消費とする．ここからシステムの負荷がなくなると，idleモードに移行し割込みを待つ状態となる．run状態からidle状態，idle状態からrun状態への移行はそれぞれ10 μsで移行可能であるため（それほど）コストは大きくない．この2つの状態からさらにsleep状態へと移行可能である．sleep状態では回路の大部分が動作しておらず，wake-upのイベント待ちをしているのみである．ここからrun状態に移行するためには160 msもかかるためidle状態からの移行と比較して大きなコストとなっている．また，さらに重要な点として，各ステート間の移行には時間的なコストだけでなく電力コスト（状態を復帰するため）も必要となる．

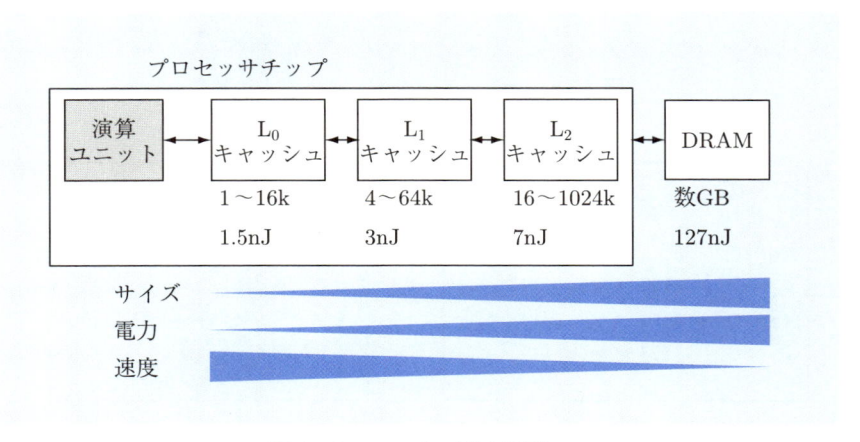

図 15.6 メモリの電力消費

15.4 低消費電力設計技術の例   **193**

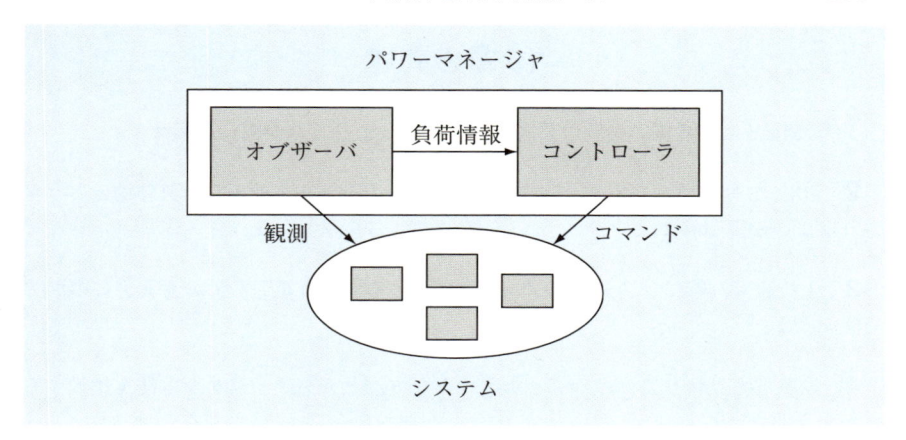

図 15.7 知的な電力制御

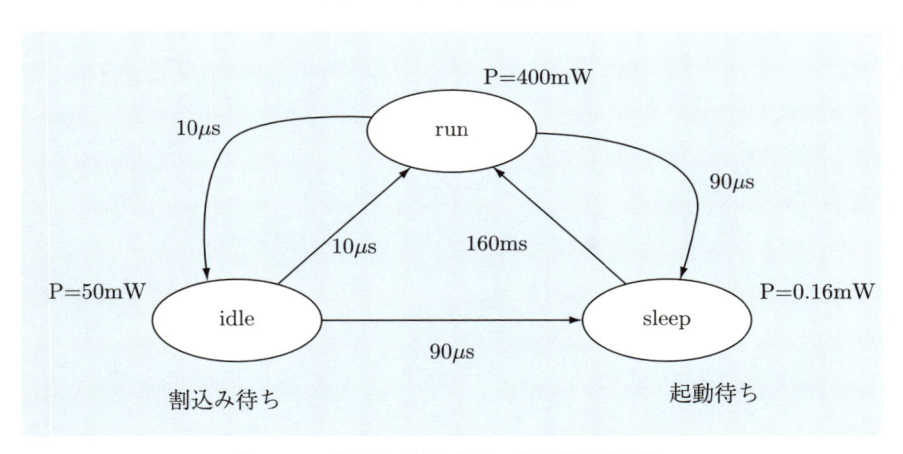

図 15.8 動的な電源電圧・動作周波数制御

15章の問題

□**1** CMOS回路の電力消費の要因を3つ挙げ，それぞれ簡潔に説明せよ．

□**2** CMOS回路の消費電力を表す式を示し，それを減少させるには具体的にどうすればよいか説明せよ．

□**3** 上位設計，特にシステムレベル設計における低消費電力設計の考え方について説明せよ．

□**4** 消費電力見積りにおけるダイナミックな方法とスタティックな方法を比較する形で説明せよ．

16 VLSI設計の将来

　前章までで，VLSI設計に関する各種設計技術について，個々の説明をしてきた．基本的に，大規模設計をより短期間に正しく設計する必要がある．本章では，それらを実現する上でキーとなる技術として，設計再利用と形式的設計検証の動向について解説する．また，VLSI設計支援技術を利用した特定用途向け高性能計算システムの設計手法について考える．

> **16章で学ぶ概念・キーワード**
> - 拡張可能プロセッサ
> - IPコアベース設計
> - 標準プロトコル

16.1 設計再利用技術

設計生産性向上には，各 VLSI で固有に設計しなければならない部分をできるだけ少なくすることが重要であり，既設計の再利用が中心技術となる．このためには，1 つの設計を拡張することで，新しい VLSI を設計する手法や IP コアを利用して設計を効率化する手法が基本になる．一方，FPGA に代表されるプログラマブル素子は，同じ LSI チップで様々な機能を実現できるため，広い意味で設計の再利用に大きく貢献できる．プログラマブル素子として，FPGA のように LSI チップ全体がプログラマブルなものに対し，別の方向性として，拡張可能なプロセッサを用意することで，LSI チップの機能拡張性を高めたものも広く利用されるようになってきている．そこでまず，LSI チップの提供可能な機能と LSI チップのアーキテクチャを整理し，その発展として，現在広まっている拡張可能プロセッサについて説明する．その後，設計再利用の中心技術となる IP コアベース設計について現状と将来動向を解説して，本書のまとめとする．

■ 拡張可能プロセッサを利用したシステム LSI の設計手法 ■

VLSI チップは，提供される機能から以下のように分類することができる．まず，PC で利用されているマイクロプロセッサのように，特定のプログラムではなく，汎用の計算を高速化する LSI チップがある．汎用マイクロプロセッサの場合，大量に製造・利用されるので，設計コストをかなりかけることができ，フルカスタム設計が基本となっている．これに対し，特定のアプリケーションのみを効率よく高速に実行するプロセッサも各種存在する．これは，組込みプロセッサ，あるいは特定用途プロセッサとも呼ばれるものであり，画像処理や信号処理など特定の領域への応用のみを考慮して設計される．ディジタルカメラや携帯電話で利用されているものもこの分類になることが多い．プロセッサとして見た場合，特定の演算を高速化するように設計されている．例えば，ベクトル a と b の内積の計算をするプログラム文：

```
for (i = 0, c = 0; i < N; i++) c := c + a[i] * b[i];
```

の高速化は，信号処理などで非常によく利用される．したがって，この文を高速に実行できる命令を備えたプロセッサを設計すれば，より効率的に信号処理を行

えることになる．そのためには，配列 a と b を同時にメモリから読み出すためのマルチバンクメモリ，乗算結果の和を計算するための特殊命令（MAC 命令），それにメモリから配列の要素の値をロードするのと同時に次にアクセスするメモリアドレスを計算するためのレジスタの自動インクリメント機構などが必要になる．このような機構を組み入れた特殊な命令を追加したようなプロセッサが特定用途プロセッサということになる．例えば，上記の文を 1 つの命令として実現している特定用途プロセッサも開発されている．

一方，特定用途プロセッサでは，対象アプリケーションが必要としない命令は逆に取り除かれることも多い．そうすれば，LSI チップの面積の削減や消費電力の減少が期待できる．しかし，このようなプロセッサはアプリケーションごとのものであり，製造され利用されるプロセッサの数は汎用のマイクロプロセッサよりも少ないため，設計コスト削減が重要となる．そのため，多くの場合，セミカスタム設計を基本とし，部分的にフルカスタム設計にするなどして設計されている．特定用途プロセッサの場合，利用できる命令のセットが通常と異なるため，汎用のコンパイラをそのまま利用することはできない．しかし，人手でコンパイルすることも，実際には，非現実的な場合が多い．そこで，特定用途プロセッサ向けの最適化コンパイラを如何にして開発するかも大きなテーマとなっている．CAD 技術としては，ハードウェアの高位合成手法を応用する形で特定用途プロセッサ向けにアプリケーションプログラムをコンパイルする手法などが開発されており，徐々に実用になりつつある．

これに対し，特定のアプリケーションのみを実行すればよい場合で，LSI チップ面積当たりの性能を最も高めるには，そのアプリケーションプログラムからハードウェアを直接合成するのが最も効率がよい．これは，一般に，**ASIC（Application Specific Integrated Circuit）** と呼ばれている．この場合には，対象アプリケーションの実行に不要なハードウェアは一切持たないため，LSI チップ面積や消費電力の面では最も効率的である．一方，少しでも対象アプリケーションが変化すると，新たに設計し直す必要があり，融通は一切利かない場合が多い．この ASIC の設計には，第 4 章で述べたハードウェア設計手法が適用される．C 言語ベース設計記述で対象アプリケーションと同等なものを表現し，そこから自動合成を進めていくことになる．ASIC は一旦製造すると一切修正が利かないため，仕様変更などには対応できず，設計が大規模で仕様変

更が発生すると，設計・製造コストが相対的に高くなってしまうという問題がある．

　この融通が利かないASICの欠点から，最近注目を集め，利用が増大しているものに，フィールドプログラマブル素子がある．これは，LSIチップを一旦製造してから，内部の機能を決定できるようにしたLSIである．代表的なものに，FPGAがある．FPGA内の各ゲートは，一定数の入力以下の任意の論理関数が実現できる万能ゲートであり，その機能はチップ外部からプログラムすることができるようになっている．また，万能ゲート同士を接続する配線もプログラムできるような一種のクロスバースイッチのような構成になっている．万能ゲートとは特殊なものと思われるかもしれないが，実際には単なるメモリから構成されている．例えば，4ビットアドレス1ビットデータのメモリは，アドレス線に論理関数の入力値を入れ，対応するアドレスには，真理値表の値を記憶させておけば，任意の真理値表を表現できることになる．このようにFPGAとは，多数の小さいメモリが互いに自由に配線できるように構成されたLSIチップであると言える．FPGAは1980年代から作られていたが，当初はそれほど大規模なものができず，利用も限定されていた．また，万能ゲートとプログラム可能な配線ということで，チップ面積も大きく，結果的にコストの高いチップであった．しかし，最近の半導体の微細化・高集積化技術により，これらの問題はかなり克服されている．数百万ゲート規模のFPGAも利用可能になっており，回路規模という面では，ほとんど問題にならなくなっている．しかし，プログラム可能であるということから，必要より多くのLSIチップ面積が必要であることには変わりないため，それが許される状況でのみ，よく利用されている．FPGAは簡単に設計変更できるため，FGPAで実際にシステムを動作させた後でバグを発見しても簡単に修正できる．このため，一般的に設計検証期間が短く済み，結果として，設計期間自体を短くできる．設計コスト削減の観点から，将来的には，より利用が進むであろうと考えられている．この大規模FPGAに代表されるプログラマブル素子を有効利用するためのCAD技術は，まだ基本的なものしかなく，将来の課題であると言える．特に，システムレベル設計からの一貫した設計支援が強く望まれている．

　最近は，プログラマブル素子をさらに進化させたものとして，動的再構成可能（ダイナミックリコンフィギュラブル）なプロセッサも開発されている．命

令などの機能が固定である従来のプロセッサでは，使う可能性があるすべての命令や機能はチップ上にハードウェアとしてあらかじめ用意しなければならず，必ずしも効率的ではない．しかし，その種類の多さと能力の高さがプロセッサの長所でもある．しかし，上述のように組込み用途など，使う命令や機能が一定の範囲に決まっている場合は，高機能を競った汎用のプロセッサなどでは不要なチップ面積を消費してしまうことになる．そこで，プロセッサとFPGAを1つのLSIチップ内に互いに連携できるように配置したLSIチップも開発されている．

■ IP コアベース設計 ■

IP コアベース設計とは，複数の既設計ブロックを組み合わせることで設計対象を構築していく手法である．このためには，既存の回路設計の中から汎用性のある部分を切り出して，別の設計で再利用できるようにしなければならない．例えば，マイクロプロセッサやメモリコントローラなど，広く利用される機能を提供するモジュールを数多く用意する必要がある．また，動作検証を行った上でIPコアをパッケージ化して提供することによって，設計中に行わなければならない検証作業量の削減も期待できる．検証期間がVLSIの設計期間に占める割合は極めて大きく，検証作業の量が削減されることは，LSI設計全体の期間を短縮することにつながる．

一方，複数のIPコアが協調して動作するには，お互いに通信しなければならない．例えば，マイクロプロセッサのIPコアに対し，暗号処理など特殊処理を高速化するために暗号回路のIPコアを接続することを考える．両者がメモリを共有して動作する場合には，メモリのIPコアも接続する必要がある．これらのIPコアはお互いに通信してデータを交換する必要があるが，それらの通信を行うプロトコルが各IPコアで一致しないとそのままでは接続できないことになる．よく使われるIPコア同士の接続はバスを経由して行われるが，そのバスで利用しているプロトコル（一般にバスプロトコルと呼ばれる）が同じでない場合には，そのままIPコアをバスに接続することはできない．

以上から，IPベース設計手法では，IPコアベース設計には，以下のような工程が含まれることがわかる．

- システムレベル設計： 要求仕様をどのようにハードウェアとソフトウェア

で分担するか，どのような IP コアを用いて実現するかを決定する．
- IP コア間の通信路の設計： システムは複数の IP コアから構成されるので，IP コアの間で通信を行う必要がある．この作業には，通信路のバスプロトコルの決定，バストポロジーの決定などが含まれる．IP コア間のデータ転送帯域やデータ転送頻度などの情報をもとに，オンチップバスの構成を決める．
- 利用する IP コアの決定： 設計者が保有する IP コアライブラリの中に候補がある場合はそれを利用する．要求を満たす IP コアが手元にない場合は，別の設計者が製作した IP コアを入手するか，要求を満足する回路を新規に設計する．
- LSI 全体の設計： 通信路の設計に従い，オンチップバスを生成する．さらに，用意した IP コアを設計に組み込む．
- 評価と検証： 工程の各段階で，設計が要求仕様を満たしているか，あるいは，設計に誤りが含まれていないかを検証する．

　これらの作業を必要に応じて，繰り返しながら進めていき，設計対象全体の RTL 記述を生成する．この IP コアベース設計で実際に行う際の重要な問題点として，IP コアのインタフェースプロトコルの互換性が挙げられる．ここで，インタフェースプロトコルとは，通信に用いる信号線及び，通信の手続きの規格である．IP コアベース設計では，オンチップバスに IP コアを接続することで，LSI 全体の設計を行う．この際に問題になることは，組み込みたい IP コアのインタフェースプロトコルがオンチップバス，あるいは他の IP コアのインタフェースプロトコルと適合しない場合があるということである．

　IP コアのインタフェースプロトコルは，IP コアの設計時に様々な要因で決定される．データ幅，アドレス空間，転送帯域，通信頻度，1 回の転送あたりのデータ量などといった IP コアのデータ入出力の特性は，プロトコル選択の重要な要因となる．また，積極的な再利用や，商品として提供することを目指すならば，オンチップバスのプロトコルと親和性の高いインタフェースを選択しなければならない．これらの要因をもとにして，IP コアインタフェースプロトコルの選択が行われる．しかしながら，他のベンダなどが設計した IP コアを設計に組み込みたい場合，IP コアのインタフェースプロトコルが適合しない事もある．インタフェースプロトコルの互換性がない IP コアとオンチップバスを接続するためには，プロトコルを変換するための論理回路を間に挟む必要がある．

16.1 設計再利用技術

このような論理回路は，一般にラッパあるいはトランスデューサなどと呼ばれている．ラッパの設計作業は，IP コアベース設計において本質的ではないにも関わらず，労力を多く消費し，バグが入り込む余地も大きい部分である．すなわち，IP コアインタフェースプロトコルの多様さとそれに起因する非互換性がIP コアベース設計の妨げとなっていると言える．

プロトコルの非互換性という問題を解決する方法として，

- 標準プロトコルを定義して，全ての IP コアが同一のインタフェースプロトコルを使用するという方法
- 異なるプロトコル間を翻訳するラッパを自動的に生成し，プロトコルの互換性のない IP コアを接続できるようにするという方法

の 2 つの方法が挙げられる．

前者は，プロトコルを標準化することで，IP コアと IP コアの接続，あるいは，IP コアとオンチップバスの接続が簡単にできるようになることを目指すというものである．現在，IP コアベース設計では，オンチップバスのプロトコルとして，いくつかの企業が提供しているバスプロトコルが多く使われている．また，各 IP コア供給企業からもこれらのプロトコルに準拠した IP コアが多数提供されている．しかし，これらのプロトコルを利用する上では，利用に対してライセンス料が必要になる場合がある．また，企業が提唱するプロトコルの場合は，1 社の都合でプロトコルの仕様が大きく変わることがありえるといった問題点もある．このような問題点を持つ既存のバスプロトコルに対し，非営利団体 OCP-IP（OCP International Partnership）は，ライセンスフリーのインタフェースプロトコルである **OCP（Open Core Protocol）** を策定している．OCP は，IP の様々な入出力形態に対応できるように，スケーラビリティの高いプロトコルとなっている．

OCP は，コア間の 1 対 1 通信を既定するプロトコルである．多対多の通信は，OCP に対応したバス IP コアを用いて実現する．このスタイルは，バスプロトコルの選択，バストポロジーの決定，アービトレーションなどのバスに関する設計課題と，純粋にコアの入出力に関する課題を切り分けて扱うことができるという利点がある．OCP のもう 1 つの利点はそのスケーラビリティである．OCP は，IP コアの様々な入出力形態に対応するために，少数の基本信号と，それを拡張する信号セットから構成される．データの読み書きに対応した OCP の典型的

な最小構成は，Clock, Reset, Address, MCmd, MData, SCmdAccept, SResp, SData の 8 線構成である．全ての信号は，Clock の立上りでレシーバに取り込まれる．この最小構成に対し，必要に応じて拡張信号セットを選んで，要求性能を満足するインタフェースを構築する．拡張信号セットとして，基本信号にコア特有の補助情報を付加する SimpleExtensions，バースト転送をサポートする BurstExtensions，アウトオブオーダー転送をサポートする TagExtensions，オンチップバス上の複数コアと効率的な通信を行うための ThreadExtension が用意されている．これらの，1 対 1 通信を表現するための信号は，総称してインバンド信号と呼ばれる．また，インバンド信号の他に，システム特有の情報（エラー，システムビジー，割込など）を伝達できるサイドバンド信号が用意されている．OCP のデータ線（Data, Address, SimpleExtensions の多くの信号）のビット幅は自由に定義可能である．OCP は，非営利団体が策定しているプロトコルであるため，OCP は，誰でも自由に利用することができ，1 社の利害で仕様が変動する可能性が低いという利点がある．後者のラッパを自動合成するという方法は，ラッパの設計作業を人手を用いずに行うことで，設計時間を短縮することを目指すというものである．ラッパの自動合成方法を確立することで，異なるプロトコルに準拠した IP コアを設計に組み込むことが簡単にできるようになる．また，プロトコルを標準化した場合でも，非標準プロトコルに準拠した過去の設計を利用する場合には，非標準プロトコルを標準プロトコルに変換するラッパが必要になる．このため，ラッパを自動生成する技術の重要性は極めて高いと言える．ラッパを自動生成する手法については，ライブラリベースの手法と，プロトコルの仕様から直接合成を行う手法の 2 種類について研究開発が進められてきている．現在，よく利用されるプロトコル同士の変換がかなりの部分で自動化できる CAD ツールも開発されつつある．

　以上，システム LSI 設計技術とその支援技術全般に対する解説を行った．設計対象の大規模化のため，設計生産性の向上，それも飛躍的な向上が強く望まれている．また，システム LSI はハードウェアだけでなく，その上で動作するソフトウェアの開発も一括して行って初めて効率化できると考えられる．この観点から，システム LSI 設計においては，従来のハードウェア設計に関する諸知識だけでなく，ソフトウェア開発に関する知識や，ハードウェア・ソフトウェアを統合的に設計していく手法に関する知識も必須となる．

16.2 設計検証技術

設計検証の基本技術は，設計記述が表現する動作を計算機上で模倣するシミュレーションであり，設計の各段階で実行することができる．しかし，シミュレーションでは，与えられた入力の1つの場合について解析するため，設計対象の動作を網羅的に調べるには極めて多数の入力を与えなければならず，実際的には網羅的な検証は行えない．ごく特定の入力に対してのみ実行されるような動作は，網羅的な解析が行えないシミュレーションでは見落とされる可能性があり，一般に，コーナーケース問題と呼ばれている．そこで，シミュレーションを補完する手法として，形式的検証手法が利用されるようになっている．形式的検証手法は設計の正しさを数学的に証明するため，基本的に網羅的な解析手法であり，コーナーケース問題は発生しない．しかし，形式的検証に必要な計算量は設計規模に対し，最悪の場合には，指数的に増大するため，VLSI設計全体を一度に検証することは難しい．したがって，現状では，設計を分割し，各分割されたブロックと呼ばれるような単位で形式的検証手法を適用する場合が多く，分割されたブロック間の相互的な動作はシミュレーションで確認している．結果として，VLSI設計全体としては，網羅的な検証は行えていない．

より大規模な設計に形式的検証を適用する技術として，検証のために与えられた設計を自動的に抽象化してより小さいものにする技術に関する研究が活発に進められており，実用化されたツールも利用可能となってきている．特定の性質を設計が満たすか否かを検証する場合には，それに関係しない設計記述は取り除いて解析できるはずであり，VLSIチップ全体の動作を個々の細かい動作に分けて個別に検証すれば，設計を大幅に抽象化して解析できる可能性がある．また，形式的検証とシミュレーション技術の融合に関する研究も活発である．シミュレーションではコーナーケース問題が発生するが，それを可能な限り防ぐため，形式的検証手法を応用して，実行頻度が非常に低いような動作も実行させるシミュレーションパターンを自動生成する技術が開発されている．

現状では，網羅的な設計検証を完全に実行することは不可能であるため，実際にはチップを製造してからも，検証を続けなければならないことも多くなってきている．そこで，製造したチップの動作を効率よく解析することで設計検証を行う，**ポストシリコン検証**（**post silicon verification**）技術に関しても研

究開発が進められている．実チップの動作に関しては，チップの外部入出力ピンを経由しないと内部信号の値の観測・制御ができないため，シミュレーションに比べ，動作の解析が行いにくい．そこで，予め VLSI チップ内に内部信号の値を順次格納するためのバッファを用意しておき，チップを実行させた後にそのバッファの内容を解析することで検証を行う技術も開発されている．

　設計検証は，今後も VLSI 設計における中心的な課題であると考えられ，形式的検証技術を中心とした更なる進歩が期待されている．

　シミュレーションにおけるコーナーケース問題は，ごく特殊な条件でしか実行されない動作はシミュレーションのテストケースから漏れる可能性が高い，という理由から発生する．シミュレーションのテストケースは，人手で考えて生成するものと，自動的に生成するものに分けられるが，コーナーケースに対するテストケースを人手で生成することは非常に困難である．そこで，形式的検証手法を利用して，そのようなコーナーケースに対するテストケースを自動生成する研究も進められている．これは，設計記述で使われている条件を解析し，コーナーケースを自動的に認識し，そのような動作をさせるテストケースの条件を数学的に定義し，それを解くことによって生成する手法である．SAT 手法など論理関数の解析手法を利用して解いている．また，関連する技術として，記号シミュレーションがある．通常のシミュレーションでは，入力値として，0, 1 などの具体的な値を用いて行われため，設計の正しさが保証されるのもそのような具体的な1つの場合だけになる．そこで具体的な値ではなく，変数値を入力として与えることで多数の場合を同時にシミュレーションするのが記号シミュレーションであり，徐々にツール化されてきている．

　このように，設計検証は，今後も VLSI 設計における中心的な課題であると考えられ，形式的検証技術を中心とした更なる進歩が期待されている．

16.3　特定用途向け高性能計算システム設計への応用

　VLSIに対するシステムレベル設計は，VLSIのハードウェア自体だけでなく，その上で動作する基本的なソフトウェアも同時に開発されるハードウェア・ソフトウェア協調設計となっている．ハードウェア・ソフトウェア協調設計を行う1つの典型的な流れでは，最初すべてをソフトウェアで実現することから出発し，性能要求など必要に応じて，ハードウェア化する部分を拡大していく．見方を変えると，これは与えられたプログラムをソフトウェアとしてだけでなく，ハードウェア実装も追加して，高速実行する手法であると言える．つまり，高性能計算をソフトウェアだけでなく，ハードウェアも利用して行おうとしている．そこで，この考え方を利用して，特定用途向け高性能計算システムの開発が行われている．これは，特定用途向けスーパーコンピュータの設計であるとも考えられる．多数のPCをベースとしたクラスタマシンに対し，個々のプロセッサに特定用途向けの専用ハードウェアを追加することで，計算性能を10倍から100倍程度高速化しようとする試みである．10倍から100倍の高速化自体は，VLSI設計手法を利用して，従来ソフトウェア実行していたものをハードウェア化することで実現可能であるが，任意のソフトウェアが高速化できる訳ではない．

　一般にソフトウェアに対し，ハードウェアで実装する方が高速化できる理由は下記のようになる．

- 多数の並列処理可能な演算がある．ハードウェア実装すれば，コストを考えなければ任意個の演算器を用意できるため，多数の並列実行ができ，計算性能が向上する．
- 異なるデータに基本的に同じ処理を行うような計算をしており，計算も複雑で，かつデータ量も多い．このような場合には，ハードウェア実装すれば，ステージ数の多いパイプライン処理が可能となり，各ステージ間は並列実行される．
- 演算や処理のビット幅が不規則である．通常のマイクロプロセッサでは，ビット幅は32ビットか64ビットに固定されているが，ハードウェア化すれば，任意のビット幅の演算器を用意することができる．例えば，17ビットの精度で計算すればよい場合，通常のマイクロプロセッサでは32ビットで計算する

しかないが，ハードウェア実装ではきっちり 17 ビットの演算器を用意することにより，演算器をより小さいもので実現でき，結果的により多くの演算器を用意できる可能性がある．

- 処理する問題に合わせたメモリ構成にすることができる．マイクロプロセッサでは通常，メモリシステムはキャッシュで階層化されたものが利用されるが，計算対象によっては，複数のメモリシステムが必要になったり，ある程度大きさのローカルメモリが多数必要になる場合もあり，専用のメモリシステムを用意することで，高速化が図れる．

以上の条件を満たすような問題であれば，特定用途向けの高性能計算機システムを VLSI 向け設計手法を応用することで設計することができる．追加されるハードウェア部分は，専用の ASIC を設計・製造してもよいが，迅速に実現するという意味では，ハードウェア部分は FPGA で実現されることが多い．このような特定用途向けスーパーコンピュータは既に種々開発されており，VLSI 設計手法を利用することで，より効率的に開発されたという報告も出てきている．例えば，地質調査のソフトウェアについて，従来は 1,000 台程度の PC クラスタマシンで実行されていたものについて，VLSI 設計手法を適用し，部分的に FPGA によるハードウェア化を行い，結果的に 40 倍程度の高速化が達成されている．なお，この部分的にハードウェア化を行うことで，計算性能が向上するだけでなく，同時に消費電力も減少させることができている．これは，一般的に，マイクロプロセッサの消費電力よりも，FPGA でハードウェア化したものの消費電力の方が小さいので，計算をソフトウェアからハードウェアに変更することで，計算性能を高めながら，同時に商品電力の削減も実現できるからである．

参考文献

[1] Tsutomu Sasao, Masahiro Fujita ed.: *Representation of Discrete Functions*, Kluwer Academic Publishers, 1996
[2] R. Gupta, P. Le Guernic, S.K. Shukla, J.P. Talpin ed.: *Formal Methods and Models for System Design – A System Level Perspective –*, Kluwer Academic Publishers, 2004
[3] Hassan B. Diab, Albert Y. Zomaya ed.: *Dependable Computing Systems – Paradigms, Performance Issues, and Applications –*, Wiley-Interscience, 2005
[4] 浅田邦博, 藤田昌宏（編集）: システムLSI設計自動化技術の基礎–パブリックドメインツールの利用法, 培風館, 2005
[5] 藤田昌宏（編著）: システムLSI設計工学（IT Text）, オーム社, 2006
[6] Masahiro Fujita, Indradeep Ghosh, Mukul Prasad: *Verification Techniques For System-level Design*, Morgan Kaufmann Publishers, 2007

索　引

ア　行

アスペクト比　120
アナログ回路　4

カ　行

カバレッジ　149
貫通電流　185
行カバレッジ　149
クリティカルパス　139
クリティカル領域　139
クロックスキュー　135
計算機支援設計　16
高位合成　18
コシミュレーション　47
コントロールデータフローグラフ　86
コントロールフローグラフ　86

サ　行

最小遅延　132
最大遅延　132
充足可能性判定　63
充足可能性判定問題　63
主項　101
状態数の削減　98
状態割付け　98
スイッチング　185
スタイナ木　120
正規形表現　60

制御部　77
セミカスタム　12
セミカスタム設計　118

タ　行

ディジタル回路　4
データパス　77
データフローグラフ　20
テクノロジマッピング　99
統一モデル言語　17, 47
同期式順序回路　10
到達時間　136
ドントケア値　144

ハ　行

ハイインピーダンス値　144
パイプライン処理　42
バックアノテーション　136
パワーマネージャ　192
フィールドプログラマブルゲートアレイ　13
ブール制約伝播　65
フォールスパス　133
フルカスタム　12
フルカスタム設計　118
プロセシングエレメント　21
プロトコル変換器　27
分岐カバレッジ　149
ベーシックブロック　86

ポストシリコン検証　203

マ行

マンハッタン距離　120
迷路法　124

ヤ行

有限状態機械　19, 72
要求時間　136
要求仕様解析　16

ラ行

リーク電流　185
レジスタ転送レベル　7
論理式簡単化　99

数字・欧字

2分決定グラフ　58
ALAP（As Late As Possible）　90
apply処理　60
arrival time　136
ASAP（As Soon As Possible）　90
ASIC（Application Specific Integrated Circuit）　197
back annotation　136
basic block　86
BCP（Boolean Constraint Propagation）　65
BDD（Binary Decision Diagram）　58
CAD（Computer Aided Design）　16
CDFG（Control Data Flow Graph）　86
CFG（Control Flow Graph）　86
critical path　139
critical region　139
DFG（Data Flow Graph）　20
FPGA（Field Programmable Gate Array）　13
FSM（Finite State Machine）　19, 72
high level synthesis　18
ICE（In Circuits Emulation）　147
IPコアベース設計　199
IPコアライブラリ　17
IP（Intellectual Property）　9
MAC命令　50
MAC（Multiplu-and-Accumulate）　50
MIN–CUT法　122
notify文　33
OCP（Open Core Protocol）　201
PE（Processing Element）　21
post silicon verification　203
prime implicant　101
required time　136
RTL（Register Transfer Level）　7
SAT（boolean satisfiability）　63
SoC（System on a Chip）　8
SpecC言語　32
SystemC言語　38
UML（Unified Modeling Language）　17, 47
VLIWプロセッサ　49
VLIW（Very Long Instruction Word）　49
VLSIの設計生産性危機　5
VLSI（Very Large Scale Integration）　2
wait文　33

著者略歴

藤田　昌宏（ふじた　まさひろ）

1980 年	東京大学工学部電気工学科卒業
1982 年	東京大学大学院工学系研究科情報工学専攻修士修了
1985 年	東京大学大学院工学系研究科情報工学専攻博士修了
1985 年	株式会社富士通入社
1993 年	米国富士通研究所勤務
2000 年	東京大学大学院工学系研究科電子工学専攻教授
2003 年	東京大学大規模集積システム設計教育研究センター教授
現　在	同上　工学博士

主要著書

Representation of Discrete Functions（編著），Kluwer Academic Publishers, 1996

Design verification and fault diagnosis in manufacturing（共著），John Wiley & Sons, 1999

Formal Methods and Models for System Design – A System Level Perspective –（共著），Kluwer Academic Publishers, 2004

Dependable Computing Systems – Paradigms, Performance Issues, and Applications –（共著），Wiley-Interscience, 2005

システム LSI 設計工学（IT Text）（編著），オーム社，2006

Verification Techniques For System-level Design（共著），Morgan Kaufmann Publishers, 2007

新・電子システム工学 = TKR-12

VLSI 設計工学
── SoC における設計からハードウェアまで ──

2009 年 8 月 10 日 ⓒ　　　　　　　　初 版 発 行

著者　藤田昌宏　　　　　　発行者　矢沢和俊
　　　　　　　　　　　　　印刷者　小宮山恒敏
　　　　　　　　　　　　　製本者　石毛良治

【発行】　　　　　　　株式会社　数理工学社
〒 151-0051　東京都渋谷区千駄ヶ谷 1 丁目 3 番 25 号
編集 ☎ (03) 5474-8661 (代)　　　サイエンスビル

【発売】　　　　　　　株式会社　サイエンス社
〒 151-0051　東京都渋谷区千駄ヶ谷 1 丁目 3 番 25 号
営業 ☎ (03) 5474-8500 (代)　　振替 00170-7-2387
FAX ☎ (03) 5474-8900

印刷　小宮山印刷工業 (株)　　製本　ブックアート
≪検印省略≫
本書の内容を無断で複写複製することは，著作者および
出版者の権利を侵害することがありますので，その場合
にはあらかじめ小社あて許諾をお求め下さい．

サイエンス社・数理工学社の
ホームページのご案内
http://www.saiensu.co.jp
ご意見・ご要望は
suuri@saiensu.co.jp まで．

ISBN978-4-901683-69-2
PRINTED IN JAPAN

━━━ 新・電気システム工学 ━━━

電気工学通論
仁田旦三著　２色刷・Ａ５・上製・本体1700円

基礎エネルギー工学
桂井　誠著　２色刷・Ａ５・上製・本体2200円

電気電子計測
廣瀬　明著　２色刷・Ａ５・上製・本体2300円

システム数理工学
意思決定のためのシステム分析
山地憲治著　２色刷・Ａ５・上製・本体2300円

高電圧工学
日髙邦彦著　２色刷・Ａ５・上製・本体2600円

現代パワーエレクトロニクス
河村篤男著　２色刷・Ａ５・上製・本体1900円

＊表示価格は全て税抜きです．

━━━ 発行・数理工学社／発売・サイエンス社 ━━━

━・━・━ 新・情報/通信システム工学 ━・━・━

ディジタル回路
　　五島正裕著　２色刷・Ａ５・上製・本体2300円

データ構造とアルゴリズム
　　五十嵐健夫著　２色刷・Ａ５・上製・本体1600円

ネットワーク工学
インターネットとディジタル技術の基礎
　　　　江崎　浩著　２色刷・Ａ５・上製・本体2300円

システム工学の基礎
システムのモデル化と制御
　　　　伊庭斉志著　２色刷・Ａ５・上製・本体1950円

　＊表示価格は全て税抜きです．
━・━・━ 発行・数理工学社／発売・サイエンス社 ━・━・━

=/=/=/=/= 大学院入試問題 =/=/=/=/=

解法と演習
工学系大学院入試問題
〈数学・物理学〉

　　　　　陳　啓浩・姫野俊一共著　Ａ５・本体2750円

大学院入試問題　解法と演習
電気・電子・通信Ⅰ, Ⅱ, Ⅲ

　　姫野俊一著　Ａ５・Ⅰ：本体2750円
　　　　　　　　　　　Ⅱ：本体2950円
　　　　　　　　　　　Ⅲ：本体2800円

解法と演習
大学院入試問題〈情報通信系〉

　　　　　関・陳・姫野共著　Ａ５・本体2000円

＊表示価格は全て税抜きです．
=/=/= 発行・数理工学社／発売・サイエンス社 =/=/=